元気の出る土木の現場シリーズ 下巻

元気が出る！土木現場の知恵

土木工事管理の戦略的テキスト
〜プロジェクト推進のための実践的ノウハウ

新川隆夫 著

はじめに

　ここでは、本書の成り立ちを「**どのようにして技術は伝承されるか**」という観点から説明しておこうと思います。

　技術あるいはノウハウを伝えることは大変重要な作業と考えられます。その証拠にわれわれ地球上に住む動物の多くが、「生きるためのノウハウを親(あるいは先生)から習う」という方法を採用して生命の維持を図っています。
　卵からかえったひな鳥は、鳥だからといって必ずしもすぐに飛べるわけではないようです。親鳥から餌をもらうだけだったひな鳥も、大きくなってくると飛ぶことを学び、やがての巣立ちの日を迎えます。そんな映像にはつい感動させられてしまいます。また一方で、虎は子育てに厳しいらしく「谷に我が子を落とす」などという故事があります。いや、これは獅子(ライオン)だったかな？
　いずれにせよ、この類の方法は人類でも(むろん高等化して)時代・地域を選ばず広く用いられているようです。
　例えば、映画「スターウォーズ」では特殊な能力を操る方法を若い主人公が師について学んでいました。また、同様に私たち工事現場のノウハウも先輩のやることを、その後ろ姿を見ながら伝承してきました。
　ところが、土木事業にはなぜか必要とされない時期が間々訪れ、そうすると技術がうまく伝承されなくなります。

　古来、「伝承がうまくできずに分からなくなってしまったもの」には数多くのものがありますが、古代の文字などもその一つです。エジプトの絵文字「ヒエログリフ」もそうでした。しかし、これはロゼッタストーンという文字による記録が見つかったことを契機に解読されることになります。つまり伝承されなくなった技術を残す方法として文字による記録があるわけです。これは人類だけが使える高級な方法です。そこで文書として記録を残すことが必要となってくるわけです。

ではどんな記録が良いのでしょうか。一つには学問のように体系化されたものが考えられます。また多くの経験談を集積する方法もあるでしょう。

「私たち土木に関わる現場の場合にはどちらが適切なのだろうか…」と思いあぐねていたところで、日本のサッカー黎明期にその技術を飛躍的に向上させたといわれる方法を知りました。

それは、それまでの「指導者がそれぞれの体験に基づき、とにかく練習で鍛える」という方法にかえて、「行動の基本原理」を導入したデッドマール・クラマーという人が行った方法です。基本原理といっても「オフサイド」や「ペナルティーエリアでやってはいけないこと」といったルールではありません。それは次のようなものだったそうです。

「①ルックビフォー・シンクビフォー＝動く前に全体を見ろ、動く前に自分に必要なプレーを考えろ！　②ミート・ザ・ボール＝パスを待つな、必ず迎えに行って、人より先に処理せよ！　③パス・アンド・ゴー＝パスを出したからといっておわるな、次へ向かえ！」

基本はシンプルに三つであるのに、大変な効果を上げたそうです。

こういったことから、**本書では誰もが失敗を重ね、手探りでノウハウを蓄積するなかでこれを使うと短期間の経験で飛躍的に技術が向上するような、そんな「行動の基本原理」を伝えたいと考えました。**また、技術の伝承をうまく受けられなかった人にも、先輩と一緒に仕事をしながら経験を積むことができるような感じで、楽しく、そうして良き先輩のやっていることが見えてくるようにまとめたつもりです。本書を読まれた後は、工事プロジェクトを戦略的に進めるために必要な基礎技術が身に付いているはずです。

それにしても、最後に必要なものは「自己（あるいはその組織）の能力向上を図ろう」という意志です。

なぜなら、チャンスは公平であるわけがないからです。

あなたはチャンスをくれないといって、いつまでも待っていますか？　それとも、そういう時にこそ「能力向上を図ろう」としますか？

　　　　　　　　　　　　　　　　　　　　　　　　　　　新川　隆夫

目　次

はじめに ───────────────────────────────── 004

PART ❶　基本解説 編

CHAPTER ❶　工事着手までの流れ ───────────── 011

1.01 工事出件
出会いは「実績？＋期待値＋アピール度」から ─────── 013

1.02 質問事項
質問で分かってしまうあなたの実力 ───────────── 015

1.03 積算と見積り
この二つはどう違うのか？ ──────────────── 018

1.04 入札、契約
あってはならない間違い ──────────────── 021

1.05 諸官公庁の手続き
はじめにつまずくと…… ──────────────── 025

1.06 地元説明会
本当の説明能力とは何か？ ─────────────── 029

エピソード 1 恐怖の地元挨拶まわり ─────────────── 027
エピソード 2 そうして工事説明会は凍り付いた… ─────── 031

CHAPTER ❷　転ばぬ先の杖…事前調査・計画 ─────── 033

2.01 調査項目
「調査」と「捜査」の意外な共通点 ──────────── 035

2.02 家屋調査
まずは顔見知りに ────────────────── 038

2.03 土質調査
どこまでやってもきりがない？ ───────────── 040

2.04 埋設物調査
思い込みが命取り ────────────────── 042

2.05 交通量調査
こんなことまで調べるの？ ─────────────── 045

2.06 振動・騒音調査
数値で計れるものと計れないもの ──────────── 048

2.07	**施工計画** 自分のために計画書を作っていますか？	052
エピソード3	触らぬ神に祟りなし…	037

CHAPTER❸	**失敗しない施工管理**	**053**
3.01	**土工事の計画** 鍵を握る一台の機械	054
3.02	**土工事の管理** 全体系は最も能力の低いものに支配される	056
3.03	**土工事の対策** トラブルの前兆を見つける目	058
3.04	**杭工事と工法選定** 自分の性格、相手の性格から相性を選ぶ	061
3.05	**杭工事と予防管理** 予測と予防に生きる土木屋の知恵	064
3.06	**土留め支保工・桟橋工事** 土木工事は運送業？	067
3.07	**鉄骨組み立て工事** 覚えていますか？　ボルトと溶接の強度	069
3.08	**鉄筋コンクリート工事** コンクリート打設の日に用意するもの	073
3.09	**測量・計測工事** ばらつくデータを読むコツ	081
3.10	**資材管理：大きさ、重さ** 合理化は人間のサイズから	085
3.11	**資材管理：数** ものの数え方と残数管理	091
3.12	**資材および生産管理** エントロピー保存の法則で現場が変わる！	095
3.13	**写真管理とIT** デジタル化しても手間は減らない？	099
3.14	**写真管理と現場** 写真から見えてしまう現場管理の実態	102
TOPICS1	必須科目 鉄筋コンクリート工事のコツ	076
TOPICS2	鉄筋工事のコツ	078
TOPICS3	仮設工事のコツ	089
TOPICS4	資材注文の三つの原則	093

CHAPTER ④ 利益の出る工程管理 — 105

- 4.01 何のために工程表を作るのか
  棒式工程表で周知する — 106
- 4.02 工程表は時間と場所のシミュレーション
  座標式工程表で検討する — 108
- 4.03 時間をコントロールできる工程表は？
  ネットワーク工程表で管理する — 110
- 4.04 なぜ工程管理がコスト管理になるか
  工程表で利益を生み出す — 112
- 4.05 ではどこから、どう作るか
  工程表の作成手順 — 114
- 4.06 工程表を点検する
  良い工程とは… — 124
- 4.07 工程表をフォローする
  目的は二つ、「管理」と「記録」 — 129

CHAPTER ⑤ 安全管理を検証する — 133

- 5.01 安全活動のためのひとつの視点
  不注意とエラーの科学 — 134
- 5.02 不安全行動とヒューマンエラー
  どこか違う、でもどう違う？ — 137
- 5.03 どうする不安全行動
  要因を探り、対策を練る — 140
- 5.04 なぜ不安全行動
  「リスク水準」で事故を減らす！ — 149
- 5.05 ヒューマンエラーが生まれるとき
  「間違い」は減らせるのか？ — 152
- 5.06 ヒューマンエラーに負けない！
  その「しくみ」とは？ — 155
- 5.07 安全管理の最後に
  行動やエラーの背後にあるもの — 164

PART ② 現場実践 編

CHAPTER ⑥ 現場の歩き方 — 167

- 6.01 先を読むこと・予知について
  全てのことに前兆あり — 168

6.02	仕事は自分で作るもの	
	指示待ち族は許されない	169
6.03	失敗から何を学ぶか	
	失敗は許されても失敗を見過ごすことは許されない	171
6.04	やり方にルールなし・考え方にルールあり	
	常識のうそ	172
6.05	完璧な計画	
	その恐ろしさ…	175

CHAPTER 7　苦情・事故に対処する　179

7.01	苦情について	
	怒り30分の原則	180
7.02	事故について	
	逃げることから失うもの	183

CHAPTER 8　調達価格を交渉する　187

8.01	市場原理	
	価格交渉は申請なる戦いの場	188
8.02	「準備」	
	予備知識を仕入れる	189
8.03	「いざ実戦」	
	三者三様、さてどのやり方が…	190
8.04	「発注後」	
	発注後もコスト削減に協力する	194
8.05	「後始末」	
	きちんとチェックし忘れると…	195
8.06	調達は原価低減に優る？	
	安価な調達でツケを支払わされることに…	197

CHAPTER 9　書類・データを整理する　199

9.01	多くの事務所でおきている悲惨な現状	
	あのデータはどこにいった？	200
9.02	混迷からの脱出	
	データ管理の目標と方針、具体的方法	202
COLUMN	グループを構成する数「7の法則」	203

CHAPTER ⑩ 人前で話す — 207

- **10.01** 人前で話す時に必要な要素とは
  説明が説明になっていない… — 208
- **10.02** 話すときのキーポイント
  5つのコツ — 214
- **10.03** 役に立たない言葉の研究
  「頑張ってください…」 — 217
- **COLUMN** 「起承転結をはっきりと」というけど… — 213

CHAPTER ⑪ 工事を請け負う — 221

- **11.01** 「請負」とは
  「工事請負契約書」を読んだことがありますか — 223
- **11.02** 新しい請負・契約方法
  いろいろな契約方式があるが… — 226
- **11.03** 建設業法
  「元請け業者」の果たすべき役割を定める — 229
- **11.04** 施工条件明示と設計変更
  なぜ施工条件は明示され難いか — 232
- **COLUMN** いつも最低価格のカレーライスだけを食べるだろうか？ — 230

CHAPTER ⑫ 人や組織を評価する — 237

- **12.01** 「正しい評価」だけがすべてではない
  成果主義の功罪＝隗より始めよ — 238
- **12.02** 「合意」なき所に「評価」なし
  評価と成果 — 241
- **12.03** 権限のあるところに責任が生まれる
  責任追及型から原因究明型へ — 243

CHAPTER ⑬ 管理手法を使う — 247

- **13.01** 目標管理
  目標が効果を失うとしたら — 248
- **13.02** 何でもチェックリスト？
  正しいチェックリストの作り方・使い方 — 251
- **13.03** 作業標準（マニュアル）のうそ
  その作業標準は責任回避の手段か — 253

CHAPTER ⑭ 技術・施工方法を改良する — 259

14.01	電話一本が決め手？ 流動化埋戻し工法の普及	260
14.02	目指すは現場打ちかプレキャストか ハーフプレキャストの効用	266
14.03	「プレファブリック桟橋」顛末記 〜この騒動をどう評価するか？	272
14.04	技術をどう考えるか 一通の手紙から…	276

CHAPTER 15　資格を取る　279

15.01	結果の得られる方法への転換 〜負けパターンからの脱出	280
15.02	では合格するためには何をすればよいか 資格取得はメリットのためか	283

CHAPTER 16　現場の問題点を改善する　289

16.01	「問題解決」手順 4つのステップ	290
16.02	現状把握の方法 本当の問題点を把握することからはじめる	290
16.03	原因究明の手法 犯人捜しではない	293
16.04	意思決定の手法 業務上の意思決定の方法	298
16.05	リスク対策 あの手この手…	300

APPENDIX ❶　土質調査資料にだまされない方法　305

A.01	N値を使う N値はオールマイティー？	306
A.02	砂質土 内部摩擦角のまやかし	308
A.03	粘性土 乱された土なんて	310
A.04	土と水 土の強度は水次第	312

APPENDIX ❷　建設現場の一日　316

PART 1 基本解説編

CHAPTER ①
工事着手までの流れ

　工事の始まりから着手までの手順は、教科書的書物によると次ページの図「工事着手までの流れ」のようになると説明されています。
　それはもちろんそのとおりなので、ここでもこの順序で話を進めましょう。

　しかし、教科書的な講義をするのが本書の趣旨ではありません。

　本書では「読んで役に立つ」知恵を「本文」で、「必要に応じて利用する」情報を「表や囲み記事」でお知らせします。
　また、関連の話題は「エピソード」として紹介しておきます。

　それではまず、建設工事の「出件」から話を始めましょう。
　何事につけ「出会い」は大切ですから…。

図表-1　工事着手までの流れ

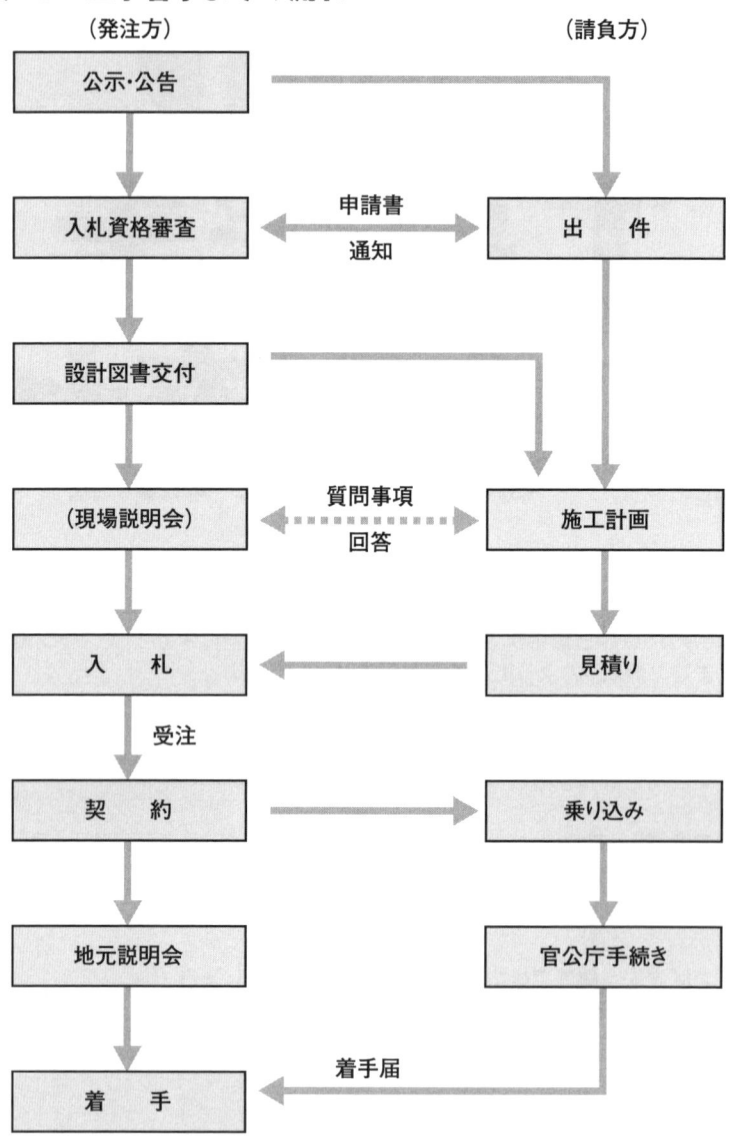

（発注方）　　　　　　　　　　　　　（請負方）

```
公示・公告 ──────────────────────┐
    │                              │
    ▼                              ▼
入札資格審査 ←── 申請書/通知 ──→  出　件
    │
    ▼
設計図書交付 ──────────────────┐
    │                          │
    ▼                          ▼
(現場説明会) ←‥ 質問事項/回答 ‥→ 施工計画
    │                          │
    ▼                          ▼
入　札 ←──────────────────── 見積り
    │ 受注
    ▼
契　約 ──────────────────────→ 乗り込み
    │                          │
    ▼                          ▼
地元説明会                    官公庁手続き
    │                          │
    ▼                          │
着　手 ←────── 着手届 ─────────┘
```

※現場説明会を催さず、質問事項のみを郵送等で受け付ける場合もある。

1.01 工事出件
出会いは「実績？＋期待値＋アピール度」から

　通常はまず「こういう工事がありそうである」との情報がもたらされます。その内容から「自分の部署で担当する」、あるいは民間会社であれば「当社にも参画の可能性がある」となると人選が始まります。
　「どいつに何をやらそうか…」
　誰が人事権を握っているか興味のあるところです。順当であればラインの直属の上司でしょうが、時として得意先であったりで実はそうとも限らないものです。人事が決まるとき、「白羽の矢が立つ」といいます。では、どのようにして白羽の矢が立つのでしょうか、またそれを左右する要素は何なのでしょう。
　まず考えられるのは過去の「成績」です。当然、実績のある者に良い仕事がくるはずです。しかし、どうもそれだけではないようです。
　過去の次に考えられるのが未来です。つまり、将来への期待感です。過去の実績だけで抜擢されるなどと甘く考えてはいけません。大切なのは次の仕事なのです。人間誰しも何かやってくれそうな期待感を抱かせる者に仕事をさせたいと思うものでしょう。
　要するに、過去の「成績」に加えて、次の仕事での「期待値」が二番目の要素になるということです。
　もし、あなたが自分には「ただこなすだけ」の仕事ばかりがくると思っているのでしたら、上司（あるいは会社）のあなたへの期待値がその程度であるのかもしれません。改めてじっくり考えてみることをお勧めします。
　では、過去の実績もなく、将来の期待感も不足していると自分でも感じたら、あきらめるしかないのでしょうか。いやいや、もう一つ要素があります。それは「アピール度」です。つまり「自分はこうしたい」「ああしたい」「これがやりたい」というものがあれば、じゃあ、ちょっとやらせてみようかということだってあり得るのです。

CHAPTER 1 　工事着手までの流れ

　したがって、実績と期待値で劣ると思ったら、大いにアピールすることでやがて展望も開けるでしょう。
　以上のことを合わせて考えると、「あなたに白羽の矢が立つかどうか」は「成績＋期待値＋アピール度」の合計で決まるということになります。

　ところで相手にアピールしたり、説得により行動をうながしたいような場面は頻繁に訪れるにもかかわらず、どのようにすれば良いかはなかなか難しい問題です。「人を動かす」ことに天才的な能力を発揮したD．カーネギー氏（本章末で紹介）は、これについて必ず成功する「魔法の公式」があると述べています。それは次のような順序で話すことだといいます。
1) 実例をあげる（経験に基づきできるだけリアルに）
2) してもらいたい行動の要点を述べる（観念的でなく具体的に）
3) 理由を説明する（行動で得られる最も重要な利益を）
　だとすると、こんな具合でしょうか。
　「……電動工具の刃が破損し、飛び散ったり、突き刺さる事故が絶えません（実例）。新製品「○○」を使用してください（してもらいたい行動）。失明という不幸な事故を防ぐことができます（理由）」

1.02 質問事項
質問で分かってしまう「あなたの実力」

「遠山の金さん」は悪人どもを前に、ただいま吟味の真最中です。

悪　党──「私どもが悪事を働いたなどと、滅相もございません。どこにそのような証拠が……」すると、

金さん──「やい！やい！やい！」と片肌を脱ぎ、

「この桜吹雪が目に入らねえか！すべてはお見通しさ」

そうなのです。日本の伝統では「お上はすべてをお見通し」なのです。

そんなことからか、工事を発注するときも、すべてを明らかにしなければならないとされています。なぜなら、発注方は「お上」であり、「お上」はすべてをお見通しだからです。

工事の契約では、その内容を明らかにするためのものとして「設計図書」と呼ばれる一連の書類があります(**図表－2**)。これらには文章だけではなく、数表や図面も含まれています。発注機関によって呼称に多少の違いはありますが、おおむね以下に示すものが設計図書となっています。

これらに加えて契約書があります。鍵となる条項は、次のようなものでしょう(**図表－3**)。

図表－2　設計図書

設計図
設計書(工事数量内訳書)
仕様書(共通仕様書・特記仕様書・追加仕様書)
現場説明書(注意事項)
質疑応答書

図表-3 契約書の鍵となる条項

- **条件変更等**
  設計図書と現場の状態や施工条件が異なるとき、その他予想し得ない事態が発生した場合等に発注者、施工者の取るべき措置。

- **工事の変更・中止**
  発注者の意思により工事内容の変更、中止、工事金額の変更を行う場合の発注者の責務と協議すべき事項。

- **スライド条項**
  賃金・物価の著しい変動に伴い、発注者または施工者が請負代金の変更を求めることが可能なこと、およびその方法。

- **第三者に及ぼした損害**
  工事の施工に伴い第三者に損害が発生した場合に発注者、施工者それぞれが負うべき負担区分

- **その他の不可抗力による損害**
  発注者、施工者いずれの責任でもなく天災等により損害が発生した場合についての、損害の負担方法。

- **瑕疵担保**
  工事目的物に瑕疵（＝欠陥、欠点）があった場合に損害賠償を請求できる範囲、期間、手順について。

　工事を施工しようとする人たちは、これらの設計図書類を隅から隅まで熟読する必要があります。意外なところに大切な事柄が何気なく書かれていることも多いものです。また、中には表現に独特の言い回しもありますが、その意味を汲み取ることくらいできなくてはなりません。

「質問」は施工者にとって大事な権利である

　さらに質問事項といったものまであります。施工者が「分からないところ」を質問すれば、お上は「お答えしましょう」というのです。この質問とそれに対する回答は、契約書・仕様書に相当する効力を有することになっているので非常に重要です。なぜなら、この「質問」以外は、すべて発注側が「お見通し」を一方的に示すものであるからです。したがって、「質問は施工者には大事な権利。必ず文書にして確認を取っておきましょう」ということになるのです。

1.02 質問事項

　担当者の質問内容を聞くとその実力が分かることがあります。というのは、まず設計図書を解読できなければ質問ができないからです。質問をしたはいいけれど、その質問内容は設計図書に書いてあることだったなどということでは、先は知れたものです。

　意図するか、しないかにかかわらず、設計図書の中で触れられていない重要な事柄について質問をしてくる者は、やはりそれだけ優秀と見て良いでしょう。重要な問題点にまず気づくには、それなりの問題意識が必要ですし、それはすなわちその人の実力を反映しているからです。

　一方、当たり障りのない質問をしてくる者はどうでしょう。これが意外と要注意なのです。単に当たり障りのないことしか気づかなかったということも考えられますが、大きな矛盾点に気づきながらも、逆にそういうところは今後の問題点として突いていこうと考えている場合もあります。こういった担当者はあなどれません。

　まあしかし、質問をされたからといって、お上はすべてを教えるわけではないですけどね。

1.03 積算と見積り
この二つはどう違うのか？

ある日、会社を去ろうとするとある先輩にこんな話を聞かされたことがあります。
「君ね、いまはパソコンによる見積りシステムとか言ってるけどね、かつては『見積りの神様』と呼ばれる方がいらっしゃったんだよ。」
――へえ、どんな人なんですか？
「そのな、『見積りの神様』ちゅうのはな、土木屋だというのに、筋骨隆々でもなく、まして偉丈夫でもない。どちらかというと小柄な体に頭だけは大きく、しかも眼光鋭く、そしていかにも性格は…。いや、いや、これ以上は恐ろしくて口にできない…。」
――聞かせてくださいよ。それで…。
「それでね、そのいわゆる設計図書を持参し、『見積りの神様』にお見立てをお願いするわけだ。と、しばらくして、お告げがあるんだな。『この工事は○○円でできる』と。」
――そんなの、当たるんですか？
「これがまた実に精度よく当たるんだな。こういった神様がダム、トンネル、など、それぞれの分野にいたんだな…。」

ところで、昨今、そのようなありがたい御方には、さっぱりお目にかかれません。かつてのように、工事規模はだんだん大きくなり、機械の性能は上がり、施工効率もどんどん良くなり、資材の品質も向上するといった、いわゆる右肩上がりの社会においては、そのような「前例の記憶・分析」は将来の予測に十分効果を発揮したのでしょう。

しかし、いまでは事態ははるかに混沌としています。例えば杭を打設するとしてみましょう。土質試験の充実、最新鋭の機械の導入といったハード面の整

備をしたうえで、優秀な作業チームの確保、作業標準などソフトの充実を図ったとしても、杭を一日あたり何本打設できるかは、例えば近隣の方の意向次第などということは日常茶飯事です。こんな現代においては、前例から将来を予測することはかえって危険ともいえます。

そんな現在では、

「とにかく最低価格の調達先の金額を積み上げ、これに考えられるリスクを加えてコストを産出する」

といった方式によって見積もると、実際に支出する費用との乖離が大きく、競争に勝てないばかりか、企業経営にも悪影響を及ぼすことにさえなります。

では、どうすればよいのでしょうか。

まず、「工事がどのように進んで行くかを的確に予想する」という「見積り」の本来の王道を守ることでしょう。さらにこれに加えて「工事をどのように進めるべきかというビジョン」が必要と考えられます。

詳しくは別の機会に譲るとして、次ページの**図表－4**に一般的な見積りの手順、**図表－5**には積算体系を示してみました。

入札に際して行う工事金額の算定には「積算」と「見積り」がありますが、これらは互いに大きく意味が違っています。ここでは意味の違いについて確認しておいてほしいと思います。

✢ 積算と見積りの違い

積算（せきさん）
発注者が標準的な施工者の能力を基準に、工事に要する費用を一定の調査結果に基づき算定したもの。工事の単価は定められた積算基準に則って求められ、誰が算定しても、ほぼ同じ金額になるのが理想とされる。

見積り（みつもり）
施工者が自らの能力と工夫により、自ら実行することを前提に、これなら可能と自らが判断した最低の工事金額。個々の施工者によって金額は異なるほうが当然とされる。

図表-4　見積り作業の手順

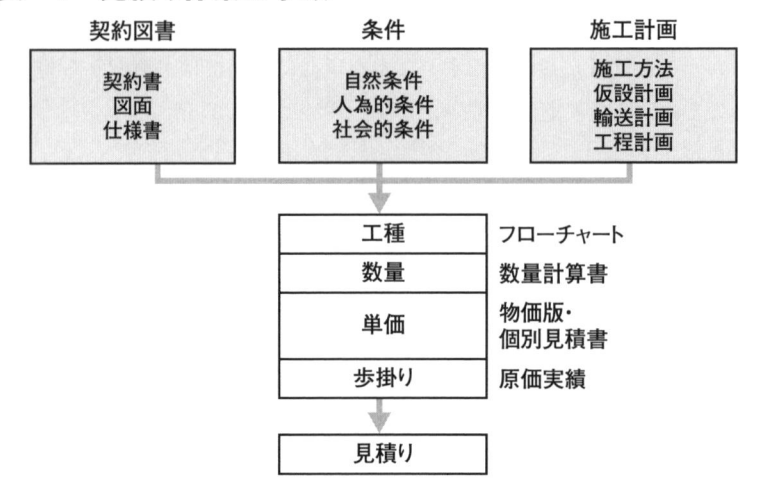

```
    契約図書              条件              施工計画
  ┌─────────┐      ┌─────────┐      ┌─────────┐
  │  契約書  │      │ 自然条件 │      │ 施工方法 │
  │   図面   │      │人為的条件│      │ 仮設計画 │
  │  仕様書  │      │ 社会的条件│     │ 輸送計画 │
  │         │      │         │      │ 工程計画 │
  └─────────┘      └─────────┘      └─────────┘
        │                │                 │
        └────────────────┼─────────────────┘
                         ▼
              ┌──────────────────┐
              │      工種        │　フローチャート
              ├──────────────────┤
              │      数量        │　数量計算書
              ├──────────────────┤
              │      単価        │　物価版・
              │                  │　個別見積書
              ├──────────────────┤
              │     歩掛り       │　原価実績
              └──────────────────┘
                         ▼
              ┌──────────────────┐
              │     見積り       │
              └──────────────────┘
```

図表-5　工事費算出のための一般的な積算体系

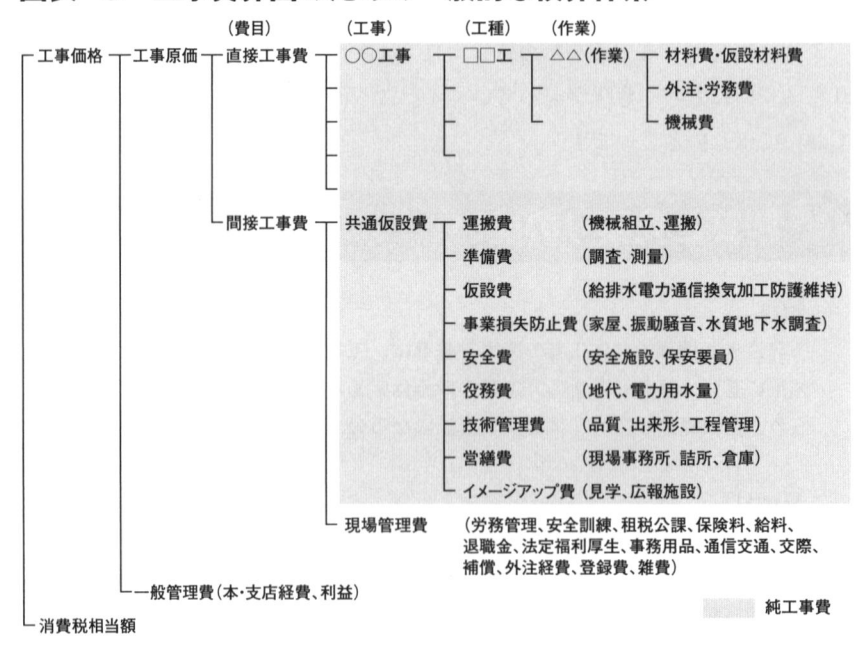

```
                          (費目)      (工事)    (工種)    (作業)
┌工事価格┬工事原価┬直接工事費─○○工事─□□工─△△(作業)┬材料費・仮設材料費
│        │        │                                      ├外注・労務費
│        │        │                                      └機械費
│        │        │
│        │        └間接工事費┬共通仮設費┬運搬費       (機械組立、運搬)
│        │                    │          ├準備費       (調査、測量)
│        │                    │          ├仮設費       (給排水電力通信換気加工防護維持)
│        │                    │          ├事業損失防止費(家屋、振動騒音、水質地下水調査)
│        │                    │          ├安全費       (安全施設、保安要員)
│        │                    │          ├役務費       (地代、電力用水量)
│        │                    │          ├技術管理費   (品質、出来形、工程管理)
│        │                    │          ├営繕費       (現場事務所、詰所、倉庫)
│        │                    │          └イメージアップ費(見学、広報施設)
│        │                    │
│        │                    └現場管理費 (労務管理、安全訓練、租税公課、保険料、給料、
│        │                                退職金、法定福利厚生、事務用品、通信交通、交際、
│        │                                補償、外注経費、登録費、雑費)
│        │
│        └一般管理費(本・支店経費、利益)                   ■■ 純工事費
│
└消費税相当額
```

1.04 入札、契約
あってはならない間違い

さて、これまで説明したように、施工者は発注者が示す「現場説明会、設計図書」および「質問事項」や、自ら行う現地踏査などを経て施工計画・工程計画を検討し、これらから見積り金額を算定します。そして、これを基に入札に参加することになります。

次に、入札から契約に至るまでの経緯を理解していただくために、基本的な用語とその意味を**図表－6**に示してみました。なお、新たな契約形態については別章で触れることにして、ここでは契約形態を従来からの「競争入札」としておきます。

図表－6　入札関連用語集

予定価格	発注方が積算によりはじき出した工事の予定金額
敷札	入札に当たってこの金額以下でなければならないとされる金額。予定価格そのものではなく、これをさらに切り下げ（歩切りという）たもので、敷札と呼ばれる。ただし、近年では歩切りは理不尽ということで、予定価格がそのまま敷札となっている（なっているはずだ。多分なっていると思う）。
入札	入札に参加することを認められた施工者は、工事を請負う金額の総額を申告する。かつては発注者の指定した場所、日時にでかけ、金額を書いた用紙を入札箱に入れた。最近ではもっぱら郵送やメールを用いる。
落札	入札金額の最低金額のものが、「敷札」を下回れば落札となり、その施工者と工事請負契約を締結する。最低制限価格を上回っていることが落札の前提だが、特別な調査を経て落札できる場合もある。
再入札	一回の入札で「敷札」を下回らなかった場合、施工者は工事予定金額を見直し、もう一度改めて入札する。
入札が不調	再入札を何回か繰り返しても敷札以下にならない場合、入札が不調になったという。この場合、業者を入れ替える。
ネゴに入る	再入札を何回か繰り返しても敷札以下にならない場合、不調にせず最後の最低価格の札を入れた業者を呼んで、敷札以下になるように交渉することをいう。
叩いてとる	施工者が自らの元見積り金額以下で、採算を度外視して入札に参加し、受注すること。ただし、発注者は最低工事金額も決めているので、この金額以下でも受注できないことになっている。

ところで、正確な見積りを作成するにあたって、太古の昔から来世紀に至るまで間違いなく最大であろうポイントを一つだけ述べさせていただきたい。

そんなものがあるのか？　――あるのです。

それは「間違わないこと」です。

きっとあなたは「なんだ～」とつぶやいたに違いありません。しかし、実際のところ「見積り金額が大きく異なってしまった。どうしてなんだ」と思って調べると、次のような間違いによることが実に多いのです。いや、ほとんどそうなのです。

見積りの三大間違い

- 必要な工種が抜け落ちていた
- 数量、単価を例えば1桁見間違えた
- 足し算、かけ算の答えが違っていた

これらを「見積りの三大間違い」と呼んで、注意を喚起しておきます。

では、間違いを確実になくす方法とは？

――そんなものは、「ない」でしょう。

しかし、対策はあります。「彼は間違いがほとんどない」と言われる人には、二通りあるようです。「もともと間違わない人」と、「間違っても早く気づく人」です。

あなたが「もともと間違わない人」であれば良いのですが、そうでないとすれば、仕方がないので間違いに早く気づくように努める必要があります。このために古くから行われてきた方法として**図表－7**に掲げるようなものがあります。

ここで断っておきたいのは、「間違いは怖いものだ」ということです。「間違い」を安易に考える傾向が強いのは、学校では間違いが許容されるからなのでしょうか。そういえば学校では、分からないことのほうを大きな問題にして、

図表-7　間違いに早く気がつくポイント

①必ず検算をする	できれば別の人にも計算してもらう。このため、他の人にも分かりやすいようシステマチックに計算書を作っておく（図表－8参照）
②求めた数字の相互関係を調べる	一般的値か、つじつまが合うか 〈例〉コンクリート体積当たりの鉄筋重量、コンクリート体積と型枠面積、コンクリート体積と型枠支保工体積の和と掘削体積
③マクロ的にみる	大まかに求めた値と照合するか 〈例〉大まかな掘削の形と全掘削体積、おおよその値段、類似工事の価格
④比較する	求めた数値を施工単位ごとに振り分け、比較したとき、つじつまが合うか

分かっていれば答えが違っていても「単なる計算間違い」で済まされたような気がします。また学校では足し算より掛け算、掛け算より関数、関数より微積分といった高度な解法を使えることを良しとしています。

しかし、本当のところは「単なる計算間違い」ほど被害が大きいものはありません。なぜなら計算間違いで工事が入手できなかったり、とんでもない安価で工事をする羽目になったら、それこそ死活問題だからです。

したがって、極論すればたとえ掛け算ができなくても、足し算から正しい答えが求められれば、その方が良いのです。

図表-8　検算しやすい計算書を作っておく（数量計算書作成の例）

名称	仕様	算式・図面		数量
1)①ブロック （延長 20.0m） 掘削工		9,000／3,000／1:0.5／2,500／躯体／4,000／機械掘削／人力掘削／3,200／5,000／300		
	機械	$(9.00 + 5.00) \times 4.00 \times 1/2 \times 20.00$	=	560.00m³
	人力	$3.20 \times 0.30 \times 20.00$	=	19.20m³
	掘削合計			579.20m³
残土処分	自由処分 運搬距離 30km	機械　　人力 $560.00 + 19.20$	=	579.20m³
埋戻工	購入土	機械掘削　躯体 $560.00 - 3.00 \times 2.50 \times 20.00$	=	410.00m³
		3,000／2,500／1,800／2,400／型枠　底面厚40cm／支保工　側壁厚30cm／頂版厚30cm／ハンチ20×20cm／足場工／基礎30cm		
鉄筋コンク リート工	・σ =135kg/cm² ・σ =210kg/cm²	基礎　$0.30 \times 3.20 \times 20.00$	=	19.20m³
		底版　$0.40 \times 3.00 \times 20.00$	=	24.00m³
		側壁　$0.30 \times 1.80 \times 2 \times 20.00$	=	21.60m³
		頂版　$0.30 \times 3.00 \times 20.00$	=	18.00m³
		ハンチ　$0.20 \times 0.20 \times 1/2 \times 4 \times 20.00$	=	1.60m³
				65.20m³
型枠A	メタルフォーム	外型枠　$2.50 \times 2 \times 20.00$	=	100.00m²
		内型枠　$\{(1.80 - 0.20 \times 2) \times 2 + (2.40 - 0.20 \times 2)\} \times 20.00$	=	96.00m²
		ハンチ　$0.20 \times 1.414 \times 4 \times 20.00$	=	22.62m²
				218.62m²
型枠B	合板	妻型枠 $0.40 \times 3.00 + 0.30 \times 1.80 + 0.30 \times 3.00 + 0.20 \times 0.20 \times 2$ = （底版）　　（側壁）　　（頂版）　　（ハンチ）		2.72m²
型枠支保工		$(2.40 \times 1.80 - 0.20 \times 0.20 \times 2) \times 20.00$	=	84.80空m³
足場工		$2.50 \times 2 \times 20.00$	=	100.00掛m²

1.05 諸官公庁の手続き
はじめにつまずくと……

　入札・契約が終わると、いよいよ現地に乗り込むことになります。しかし、乗り込んだからといってすぐに、工事ができるわけではないのです。**図表－9**で示しているように、この時点で多く手続きを要することになります。それぞれ所轄の官庁も違うので、いわゆる「挨拶まわり」が始まるのです。

図表－9　諸官庁に提出する書類

書類名	提出時期	提出先	摘要
工事計画届	開始 30 日前	厚生労働大臣	1)
	開始 14 日前	労働基準監督署長	2)
機械等設置届	作業開始 30 日前	〃	3)
道路占用許可申請書	占用前に手続きを完了	道路管理者	
道路使用許可申請書	使用前に手続きを完了	警察署	
特定建設作業届	作業開始 7 日前	区市町村公害対策課	
事業所設置届	工事着手 14 日前	労働基準監督署長	
労働保険関係成立届	工事開始から 10 日以内	〃	
適用事業報告書	毎年 4 月末	〃	
就業規則届	工事開始時	〃	
労働者死傷病報告	4 半期ごと翌月末、遅滞なく	〃	
統括管理状況等報告書	〃	〃	

摘要の条件
1) ・高さ 300m 以上の塔
　　・堤高 150m 以上のダム
　　・最大支間 500m (吊橋では 1000m) 以上の橋梁
　　・長さ 3000m 以上のずい道
　　・長さ 1000m 以上 3000m 未満のずい道で、深さ 50m 以上の立て坑の掘削を伴う
　　・ゲージ圧力 3kg/cm² 以上の圧気工法
2) ・高さ 31m を超える建築物・工作物の建設等
　　・最大支間 50m 以上の橋梁の建設等
　　・最大支間 30m 以上 50m 未満の橋梁の上部工の建設等
　　・ずい道の建設等
　　・掘削の高さ又は深さが 10m 以上の地山の掘削
　　・圧気工法
　　・掘削の高さ又は深さが 10m 以上の土石の採取のための掘削
　　・坑内掘りによる土石の採取のための掘削
3) ・支柱の高さが 3.5 m以上の型枠支保工
　　・高さ及び長さがそれぞれ 10 m以上の仮設通路 (設置期間 60 日未満は届出不要)
　　・吊足場、張出し足場以外で高さ 10 m以上の足場 (設置期間 60 日未満は届出不要)

挨拶まわりに出る前に「あなた自身の姿」を鏡に映してみてください。そこに映るあなたの顔は、あなた自身にとってはなじみのものでしょうが、他人にはどう映るのでしょうか。人は悲しいくらいに第一印象に左右されるものです。
- ──見かけが若く見える。→「こんな若造、ちょっといじめてやろうか」と相手は思うかもしれません。
- ──作業服を着ている。→作業服のどこかに汚れがあって、その汚れが気になってあなたの話など聞いていない人だっているかもしれません。
- ──四角い顔が映っている。→初対面の相手は「昔、四角い顔のいじめっ子にいじめられた」と思い起こすかもしれません。
- ──名刺やユニフォームに会社名が入っている。→あなたは会社を代表したことになる。会社名をみてすぐ過去の出来事、たとえば事故を思い出すかもしれません。

このようにあなたの姿、形はさまざまな背景を背負っており、したがって、あなたにとっては初対面であっても、相手に相当な先入観を持って迎えられていると考えた方が良いでしょう。

自分が気づかないうちに思いもよらぬ印象で相手に受け取られてしまうという「第一印象の掛け違え」は、後で大きな災難を招くことになります。

さて、**図表－9**の中で、最も時間と労力を要する二つのものについて述べておきます。それは、「工事計画届」と「道路使用許可申請書」です。

これらは事前に十分検討したうえで、それぞれ労働基準監督署と警察署に提出する必要があります。なぜなら、その署員はいずれも捜査・逮捕する権限を持っているからです。

特に事故発生時などには、計画の不備がもとで、下手をすると「あなたが逮捕される」という事態にも至りかねません。ですから、十分な時間と労力をかけることは決して無駄にはならないはずです。なお、工事計画届では機械等設置届に該当するものがあれば、併せて提出を求められるので要注意です。

そこまで言うのなら、「手続きの方法くらい説明してよ」と言われるのを予

測して、最後にこれらの手続きについて解説した役に立つガイドブックを紹介したいと思います。これらのガイドブックは、それぞれ所轄官庁の担当官が精根込めて作成したものなのか、なるほど良くできていています。

◆工事計画届：「計画届作成の手引」（東京労働基準局安全課監修、建設業労働災害防止協会東京支部編集・発行）
◆道路使用計画届：「解説　道路工事作業の道路使用」（警視庁交通部監修、東京都道路使用適正化センター発行）

エピソード　恐怖の地元挨拶まわり

「元○○会長、年齢75歳、軍隊経験あり、身長180cm、頑健な体格、工事について一言あり」

このプロフィールを聞いて、緊張せずにお宅を訪問できる人なんているのだろうか。しかし、仕事なのである。なんと因果な…。

――こんにちは、○○建設の△△です。工事の件で…。

と、まずはインターホンで、元気良く声をかけたのはいいが、全部を言い切らないうちに、言葉を遮られた。

「おい、工事はこれからか？」

――はい、そうです

「もう一度、名前を言ってみろ」

――は、はい、○○建設の△△です。

その人はやっと玄関に現れた。想像に違わず眼光は鋭かった。

「おい、騒音・振動は出るのか」

――はい。で、で、でます。多分ご迷惑をおかけします。その時は事前にお伺いします。

「お前が来るのか」

――はい

CHAPTER 1 工事着手までの流れ

「よし、帰れ」

　なぜ、このとき私はすんなりと帰してもらえたのか。その理由を後から聞いてみると次のようなものであった。
　「だいたい自分から先に名前を名乗るのが礼儀なんだ。君のように。でも、ほとんどがだめだな。
　工事について文句を言うと、はじめて人の家にやってきて、『○○さんですか。』と聞く。名刺やらを出すが、『あなたが責任者か』と聞くと、『何かあったらこいつに言ってくれ』と言って、後ろから別の人が出てくる。
　そして工事の説明とやらを長々と聞かせる。『できるだけ騒音・振動を出ないように努めます。』とか言いながら、それでいて何の前ぶれもなく振動・騒音を発生させる。できるだけ努めているのだから我慢しろというのか。
　誰も協力せんとも、我慢せんとも言ってない。お宅らのいかにも努力していると言わんばかりの独善ぶりが我慢ならないんだ…。」
　このときのように、なぜか勇気をだして正面からぶつかった人とは工事が終わる頃に仲良くなれる。私のささやかな経験から言うと、『言いくるめるようにする』より、『真実のあなたを知ってもらうこと』が第一歩と考えるが、どうだろう。

1.06 地元説明会
本当の説明能力とは何か？

いまほど、土木技術者に説明能力が求められているときはないでしょう。ただし、「説明」とは「根拠」ではありません。根拠とは前例、規程あるいは結果に合わせるようにした計算などをいいます。これに対して「説明」は相手に納得してもらうことを目的としているものです。

したがって、「説明能力を要求される」とは、原理原則や大義名分を示すことではなく、いかに納得してもらえるような説明ができるかということを意味します。そこで土木技術者に、どんな説明能力が求められつつあるかを、いくつかの例でみてみましょう。

① 「騒音・振動は予想されるが、法規制の範囲内」と言ったら「ではお宅は法規制内なら何でもするのか？」と逆襲された。
　→ どんなに自分たちの論理と違う、あるいは理不尽と思っても、誰の土俵かといえば、納税者である市民のものである。そして、その土俵はその時代、その地域の習慣・文化・ルールを反映しており、それに適合していないことには納得してもらえない。「法律・規則にとらわれないで納得してもらうこと」が、日本では伝統的に大切にされている。

② 「事業を進めるのは発注先。施工業者の私は言われたようにやるだけ」と考えて傍観していたら、「あなたは一技術者としてこの事業をどう考えるか」と質問された。
　→ 質問にどう答えるかは、回答者であるあなた自身がどう考えながら仕事に取り組んでいるかを反映するものである。「何も考えていないと当然、何も答えられない。何も答えないと何も理解もされず、したがって何の協力も得られない」ということになる。

③ 「なぜその日数がかかるか、どうしてその機械でないとだめか」と質問されて、

CHAPTER1 工事着手までの流れ

「積算基準がうんぬん」といったら、罵倒された。
→素人と思って言いくるめようとすると、かえって相手の誤解を招く。専門的な内容であれ、なんとか説明しようとするところから展望が開ける。生半可な答えはかえって混乱する。

「住民の方は素人なのでわかっていない。」「わかるように説明することはもともと無理。」「いやなんとかわかるように説明をするべきだ。」などと意見はさまざまでしょう。ただし、どう考えようと勝手ですが、結果として理解されない工事に成功はおぼつきません。

以下に、公共事業の評価や合意をめぐる最近の話題で「よくお目にかかる用語」について簡単な解説を示しておきます。

公共工事の評価や合意をめぐる用語

- 公共事業評価：
 公共事業の必要性や効果を、できるだけ客観的な指標を用いて評価すること。
- アカウンタビリティー：
 説明責任。公共事業では、税金の使い道を託された事業者が、納税者に対して事業の成立過程などについて説明する義務を負う。
- パブリック・インボルブメント（PI）：
 パブリックは公共、インボルブメントは巻込み。計画に際して住民や利害関係者などに情報を開示し、計画に意見を反映させようという試み。
- 時のアセスメント：
 北海道で始まり、その後、日本各地の自治体に広まった再評価手法。計画から一定期間経過した事業の必要性や効果などを検証する。
- 環境影響評価法：
 大規模開発事業が環境に与える影響を事前に調査、予測、評価して結果を公表し、住民等の意見も踏まえて環境保全に役立てるための法律。

エピソード2 そうして工事説明会は凍り付いた…

「○○建設工事△△地区工事説明会、□□公民館にて、19時より開催」

　今日は工事の地元説明会である。工事に着手するための最終段階である。長い工事の「はじめの一歩」としては、これをつつがなく終了させておきたいところだ。発注先の課長も早くからスタンバイしており、準備は万全である。司会にはこの道30年。どんなハプニングにも動じないベテラン係長が配されている。今日は大事な日なので発注元、施工者共全員が集まっている。

　人々が集まりはじめる。主婦の団体が来た。近所で誘い合わせてきたらしい。勤め帰りのサラリーマンが次に続く。あちらには古くからの住人である老夫婦が既に在席だ。珍しく若い女性の姿も…。

　予定時間より15分遅れくらいで説明会が始まった。発注先の代表挨拶に引き続き、工事係長による工事の説明が始まる。専門的な内容を一般の人にもわかるように、普通の言葉で説明しようしている。なかなか一生懸命である。

　一通りの説明を終え、質疑応答となった。端のほうで静かに聞いていた男性がふと手を挙げた。

　「先ほどの説明で『ある程度の振動・騒音はやむを得ない』とのことですが、先年隣の区で行われた□□の工事では高圧水を利用する工法を利用することにより相当程度の振動や騒音を小さくしたと聞いている。この工事でなぜその工法を利用しないのか。利用できないとしたらその理由を教えていただきたい。納得できる説明を願いたい」

　きっぱりした口調にみるみる会場の空気は凍り付いていった。

　もちろんいつもこんな専門的な質問が出るわけではなかろう。喧々囂々（けんけんごうごう）の説明会もあろうし、粛々（しゅくしゅく）とした説明会もある。町内会長一任のところも

1.06 地元説明会

> あるかもしれない。いずれにせよ、それぞれの地域文化や特性を反映しており、それを批判することはできない。しかし、最近はきちんとした説明を要求される傾向にあることは確かである。

　　　　　　　＊　　　　＊　　　　＊

　ところで、この本の中ではところどころで参考図書を紹介したいと思います。これは、興味を持った方にさらに深く探求してもらうため、というのは美辞麗句で実は自分の説明能力の不足、舌足らずなところを取り繕うためであることは明白でしょう。

　それにしても世の中には実に良くできた著作があります。この章では、次の図書を紹介します。

◆**「カーネギー　話し方教室」**(D. カーネギー著、田中融二訳、ダイヤモンド社)

　D. カーネギーは説明するのもはばかれるくらい有名な人ですが、特に著書「人を動かす」は不朽の名作といわれています。この「話し方教室」はそれに負けず劣らず、というより、私個人としては、より優れていると感じるものです。なぜなら単に話し方のノウハウに留まらず、物事に取り組む考え方、そしてそれをいかに説明するかについて、大きな示唆を与えてくれるからです。

CHAPTER ②
転ばぬ先の杖…
事前調査・計画

　前もって、何を調べておくか分かれば苦労はありません。
　著者としても、事前調査のリストを一気に示し、「ほらこのとおり、これを調べればよろしい」といきたいところです。

　一応の調査項目のリストを次ページの「調査項目一覧表」に挙げましたが、これは所詮参考あるいは備忘録のようなものにすぎません。
　残念ながら全部の調査項目が網羅された表などないのです。

　では、方策はないのでしょうか。

　いえ、解決の糸口はあります。

　それは……。

図表-1　調査項目一覧

調査テーマ	調査項目	調査内容	調査方法
自然条件	地形	高低差・利水・排水状況	現地踏査・資料調査
	河川・海域	河川水位、潮位、湧水	〃
	天災（同履歴）	天候・降水量	〃
	地盤の変動		地盤変位測定
	地下水	地下水位・水量・流向	地下水・井戸調査
	土質	地歴、酸欠空気・有毒ガス	土質調査
近隣・周辺環境	居住者	住民感情、生活・仕事の習慣	現地踏査・資料調査
	土地利用（同履歴）	農地・山林・公園・河川	〃
	用途区域（市街地）	繁華の程度・将来計画	〃
	環境影響側面	電波、景観、日照、大気汚染	〃
	文化遺産	遺跡、文化財、天然記念物	〃
	権利関係	地権・漁業権・水利権	〃
	周辺家屋住居の現況		家屋調査
	道路交通の状況	車両・歩行者の動向	交通量調査
	振動・騒音の状況		振動・騒音調査
交通通信インフラ	公共施設	警察署・消防署・病院	現地踏査・資料調査
	鉄道・水路	運行利用状況	〃
	道路	規格・種別・重要度	〃
	電力・給水施設	電力・給水能力	〃
支障物件	地下埋設物	ガス、下水、NTT、水道、電力、ケーブルTV	埋設物台帳調査（管理者・連絡先）
	地上施設物	街灯、架空線、標識、信号、建物、橋他	
	残置物件	建物跡、旧基礎、杭	
資機材・その他	資機材	現地調達先	現地踏査・資料調査
	生コンプラント	運搬経路	〃
	アスコンプラント	〃	〃
	産廃処分場	〃	〃

2.01 調査項目
「調査」と「捜査」の意外な共通点

　テレビドラマや小説によると、刑事さんは事件解決に行き詰まると現地を見に行くようです。もちろんリストを持って点検に行くわけではありません。現地を歩いてみることにより、机上では気づかなかった何かに気づき、その後事件は一気に解決へ向かうのです。
　この刑事さんはテレビや小説の世界の人で、私は残念ながら本物に会ったことがないので、本当のところはわかりません。しかし、現場（＝現地）を見るという解決方法は少なくとも「土木現場マン」においては正しいでしょう。なぜなら、現地踏査は実際に多くの情報をもたらしてくれるからです。

・あそこには防空壕があった。
・あの辺りはいつも水が出るところだ。
・前回工事中に石垣が崩れ、車が落ちた。
・あそこにはヘドロを埋めた。
・夜間は屋台がでて、人通りは絶えない。
・前回工事では障害物がいっぱい発生した。

　これらの情報により地下空洞調査が必要なことがわかったり、交通量調査のポイントがわかったりします。現地踏査ではアンテナを広く張って、多くの事柄に早く気づいたほうがより大きなメリットが得られます。重要な情報は、必ずしも「完璧なリスト」によって入手できるものではないのです。
　現地踏査は、時間の許す限り何度か行うと良いでしょう。もちろん、天気の良い日だけではなく雨の日にも、あるいは時間帯も朝、昼、夜と変えて行います。このような方法で調査すると、思わぬ変化に愕然とすることが多いものです。
　また、以前に行われた工事も大いに参考になります。図面や工事誌をあきら

めずに探してみましょう。意外と物持ちのいい人が、必ず一人や二人はいるものです。工事経験者の話を聞くことができればさらに良いでしょう。まず、間違いなく公式文書に残されていない本当に大事な「話」が聞けます。あるいは古い地図や地元の歴史もなかなか興味深い事柄を教えてくれるものです。

　以上のようにチェックリストの活用から始まり、現地踏査・聞取り調査などを経て、必要な調査項目が明らかになっていきます。

> ### ❖ 必要な調査項目を明らかにする方法
>
> ①チェックリストの活用
> 　完璧なものはない。他の方法も併用し、重点を絞るなどの対応が必要。要するにうまく活用すると有効。
> ②現地踏査
> 　いろいろな角度から見れば見るほど、現地は役に立つ情報を与えてくれる。
> ③聞取り調査
> 　同種工事や前回工事の経験者、あるいは地元の人から話を聞く。
> ④資料調査
> 　以前の工事資料（工事誌、図面等）や古い地図などもあきらめずに探してみる。

こうして事前調査の中で行われることの多いものとして
1）家屋調査
2）土質調査
3）埋設物調査
4）振動・騒音調査
があります。

次節からは、これらをどのように進めるのが良いかをみていきましょう。

エピソード3 触らぬ神に祟りなし…

　ある工事を担当することになり、工事事務所を建てる場所を探すために現地をうろちょろしていた。いや、調査活動を行っていた。
　あちこちと歩きまわった後、ちょうど現場を見渡せるところにぽっかりと空き地があることに気づいた。幸い電柱などの支障物も無い。多少木はあるが、枝を払う程度で利用できそうだ。
　「これはいい。うってつけのいい所を見つけた」と思い、今日の成果に満足し現地を後にしようとしていた。
　そのとき、老婦人がふと近づいてきた。そういえばこの人はさっきのところで小さな祠にお供えをしていた人かなぁ。

　「あんたたち、さっきからあの空き地をしきりに見ていたようだけど、あそこに何か作りなさるのかい。」
　――えぇ。工事があるので仮設の事務所を建てようかと……。
　「………」
　―― 広さといい、見晴らしといい、ちょうど都合のいい場所なんですよ。
　「悪いことは言わない。あそこはやめなさい。」
　―― どうしてですか？　ちょうどいいところを見つけたと喜んでいたんですけど。
　「なら言うが、この辺りに昔陸軍の工場があってな、あの空襲のときいっぱい人が死んだんじゃ。ひどかったな。あの辺りに大きな穴を掘ってみんな焼いたんじゃ。だから、あそこは誰も触らないんじゃ。」
　―― ひぇー、やめます。私達も……。

2.01 調査項目

2.02 家屋調査
まずは顔見知りに

　工事区域の周辺に家屋が密集していると気が重いものです。
「あぁまた家屋調査か」
　家屋調査とは、工事に伴って周辺建物へどのような影響を与えたか、また与えたとしたらその程度はどのくらいかを把握するために行われます。そのためには事前（工事の前）に「元からあった不具合を確認しておく」ことが重要になります。
　これに対して事後（工事の後）の調査は、被害を認定するために事前の調査結果と比較する形で行われます。
　実際の家屋調査では「家屋に生じている傾斜やキレツの状態を撮影やスケッチ等により記録し、工事前・後の比較により変化を調べる」こととなります。調査の範囲、項目、測定、記録方法についてまとめると**図表－2**のようになります。
　こういった順当な調査目的と、そのための方法は建物の所有者が会社や公的機関である場合は比較的理解されやすく、調査も容易に進みます。ところが建物の所有者が個人やワンマン経営の会社、あるいは「相手の弱みは千載一遇のチャンス」とみる思想の持ち主であると、「こと」が複雑になります。特に間近に民間の建築工事があり、迷惑料などを何らかの名目でもらっている場合などはことさらに難しいものです。

——あのー。公共工事では実害の補償以外は困難で…。
「あなた。公共って言えば何でも我慢すると思ったら間違いよ！」
——いえ。そういうことではなく、税金でやっている工事では払えないお金がありまして…。

　説得は今日も続きます…。（これは家屋調査とはちがうんだけどなぁー）

図表−2　家屋調査の要領

範囲	工事区域の境界から、おおむね 30m の範囲
記載すべき項目	(1) 家屋番号 (2) 建物所在地 (3) 建物所有者（住所、電話番号） (4) 使用者（電話番号） (5) 建物の種類、用途、経過年数 (6) 延床面積 (7) 損傷の概要 (8) 調査年月日および調査立会人
調査項目	(1) 家屋の全景 (2) きれつ（外壁・内壁・タイル部分、叩きや基礎） (3) 隙間（内壁と柱、回線など） (4) 傾斜（柱・床など） (5) 建具の建付け (6) 建具の沈下・傾斜 (7) その他
測定・記録の方法	（図）

$(a-b)\,\mathrm{mm/m}$

2.03 土質調査

どこまでやってもきりがない？

　土質調査に関して、「土質調査資料はあるが、どこをどう見れば良いか分からない」という悩みは多いものです。これはつまり、「どういう調査でいったい何が分かるのか」、それに続いて「そして、それをどう使うか？」が分からないということになるでしょう。

　最初の問題については**図表－3**が参考になります。そして、二番目のテーマについては巻末付録「土質調査資料にだまされない方法」であらためて説明を試みます。

　ところで、どこまでやってもきりがない気がするのが土質調査ですが、通常は次の過程をとります。

> ### ❖ 土質調査の過程
>
> ①資料調査
> 　地形図・地質図・地盤図など既存の資料を用いて地形、地質、地盤の概要を知る。
> ②現地踏査
> 　資料をもとに現地を踏査し、問題点をリストアップする。
> ③基本調査
> 　標準貫入試験ボーリングを行い、目的の本設・仮設物の検討を行うために必要な資料を得る。
> ④詳細調査
> 　さらに問題となる項目について詳細な情報を得るために、必要に応じて各種試験を行う。これにより、構造物・施工法が決定できるものとする。

　このように、問題点を絞り込みながら必要な調査項目をさらに掘り下げてい

くので、何度もやっているような気がするのでしょう。要するに土質調査は一回きりではないのです。

したがって「コストダウン」と称し、前にもやっているからといって、調査手順を省略すると、気まぐれな自然界から大きな仕返しを受け、かえってコストアップとなってしまうことが多いので要注意です。

図表－3　土質調査項目と方法

調査方法		調査項目
サウンディング		地質、層序、層厚
ボーリング （標準貫入試験等）		N値
		地質、層序、層厚
サンプリング		試料採取（乱されないおよび、乱した試料）
		土の判別分類、観察
室内試験	物理特性試験	土粒子の密度、湿潤密度、含水比
		コンシステンシー（液性限界、塑性限界等）
		粒度（分布、最大粒径、均等係数等）
	力学的性質試験	一軸圧縮強さ、変形係数
	一軸圧縮試験	粘着力、せん断抵抗角、変形係数
	三軸圧縮試験	
	圧密試験	圧縮指数、圧密係数、圧密降伏応力
	透水係数	透水係数
孔内水平載荷試験		変形係数
地下水調査		地下水位、間隙水圧、透水係数、流向、流速、水質
ガス調査		酸素吸収量、有毒ガスの有無およびガス濃度

出典：「共通仮設工事ポケットブック」（平岡成明編著、山海堂）

2.03 土質調査

2.04 埋設物調査
思い込みが命取り

　都市部で掘削工事を行おうとすると、既に存在している地下埋設物が障害になります。ライフラインとも言われるこれらの地下埋設物はいずれも重要なものであり、これらを工事で切断してしまうなんてことは、「技術者」にとってあるまじき行為です。

　そんなことは百も承知のはずなのに、埋設物損傷事故は後を絶ちません。なにしろ、99本まで無事に処理できても最後の1本を損傷させると、轟々（ごうごう）たる非難にさらされてしまうのです。

　いわく「管理がなっていない。」「工事の姿勢に問題を感じる。」…。

　つまるところ損傷しなくて当たり前で、「何かあったときだけ非難される」仕事の代表なのです。

　このため、関係者間ではその恐ろしさを次のように表現しています。

> **❖ 埋設物調査用標語**
> - 思い込みが命取り＝確かめよう全部この眼で。
> - ちかまい（＝地下埋設物）は、あると思うな図面のとおり。
> - あるはずの所になく、ないはずの所にあるのが埋設物。
> - 死んでいる（＝もう使われていない）と言われて、ついその気になって…。
> - 死んでいるはずが生きており、生きてるはずが死んでおり。

　しかし、そうはいっても手順を踏んで仕事を進めなければなりません。そこで地下埋設物に近接して工事をする場合に必要な埋設物防護の手順を次に説明しておきましょう。

　登場人物は「A：企業者」「B：道路管理者」「C：発注者」「D：施工業者」で

す。それぞれの役割は**図表－4**に紹介します。

A：企業者、B：道路管理者、C：発注者、三者の力関係ははっきりしています。これは、日本では相互の利害を調整する第三者を置くという習慣がなく、これを相互の力関係で調整しようとするためでしょうか。そこで埋設物に関する工事の場合、D：施工業者はそれぞれの意を汲みながら工事を進めないと、自らが窮地に追い込まれることになります。

図表－4　埋設物防護工事の関係者

登場人物	役割
A. 企業者	埋設物の所有者で対象物を用いて公共サービスをし、あるいは営業するをもって生業としており、当然維持・管理もしている。水道、電気、ガスなどで、地下鉄も含まれる。
B. 道路管理者	基本的に道路は人や車両を通すところとされ、これを管理するのが道路管理者である。国道であれは国（国土交通省）、県道であれは県であり、市町村もそれぞれ市町村道を管理している。道路管理者以外の者が道路に何かを作るときはすべて道路管理者の許可が必要である。
C. 発注者	その道路に何かを作ろうとする立場の組織。例えば、道路下に河川のバイパスを作ろうとした場合、「発注者である河川局が同じ県の道路を管理する建設局の許可を得る」などという事態も起こる。
D. 施工業者	発注者の意向を受け工事を遂行する。

さて、いよいよ埋設物防護工事の手順ですが、これはまとめて次ページの**図表－5**に示しました。

埋設物周りの掘削は、人力によることが原則です。しかしどこにあるか分からないものを掘り出すには、さらに多くのものが必要なのです。

例えば「経験」「モラル」「チームワーク」「必要な費用をいとわないしっかりとした方針」「関係各所の協力」などです。そして、これらを確実にするために最も信頼できるメンバーを選び、さらにそれだけではなく、そのメンバーを固定する必要があります。いわば埋設物を掘削するコマンド部隊の結成です。もちろん用具や掘る手順には、二重三重の安全措置を用意します。

このように、埋設物防護工事には相当な人力、すなわち費用・時間を要することになります。しかし、事故の影響は甚大です。「コストはかかるが、確実に仕事を進めるしかない」というところでしょう。

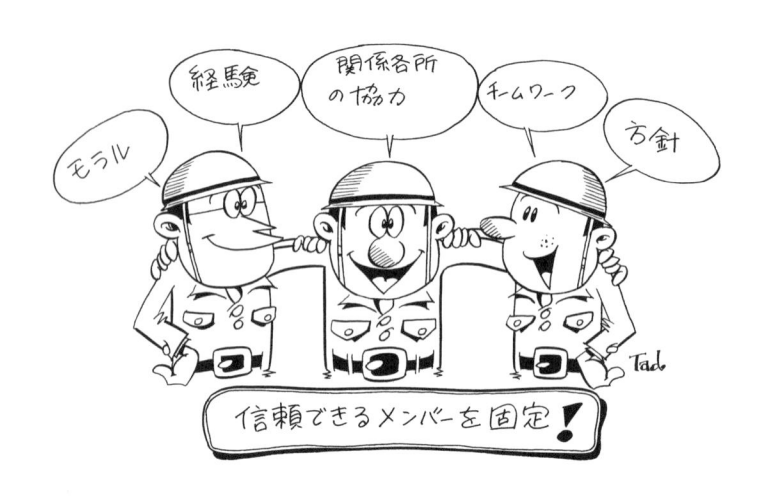

図表-5　埋設物防護工事の手順

①	埋設物台帳調査	発注者（の意向を受けたコンサルタント）は工事予定区域の埋設物を各企業者の持つ埋設物台帳で調べる。
②	調整会議	発注者は目的の工作物を道路に作る許可を道路管理者から取得すると、道路管理者が主催し埋設企業者が参加する調整会議に、当該工作物を作ること、そのために支障する埋設物があることを表明する。そうしてこれを管理する埋設企業者とその処置方法を協議する。
	（工事発注）	
③	工事照会あるいは監督処分	発注者は工事発注後その処置方法の協議結果に基づき、自らの事業に着手したことを埋設企業者に通知する。発注者が道路管理者による工事の場合、監督処分という形で埋設物は処理される。
④	試掘・立会	地下埋設物の位置は、建設工事公衆災害防止対策要綱によると、「発注者は埋設物の位置や種類などを調査し、その保安措置を施工者に明示しなければならない」とされる。このため埋設物位置図が提示されるが、必ず試掘によりその位置を確認しなくてはいけない。その位置や種類が異なると、その後の工事計画を左右する。また試掘に際しては、必ず埋設企業者の立会を求める。
⑤	施工協議	埋設物の位置・形状が判明すると、工事に際して埋設物をどのように防護し、影響を与えないようにするかを協議する。
⑥	埋設物防護	協議結果に基づき施工を行う。このときも埋設企業者の立会が必要で、防護結果の確認を求める。
	（本工事）	
⑦	埋設物復旧	発注者の意向を受け工事を遂行する。

2.05 交通量調査
こんなことまで調べるの？

ある日、現場監督をしながらこう考えました。
「この工事では道路上に作業帯を作り、片側交互交通で工事をしている。しかし片側交互通行などにせず、いっそのこと通行止めにすれば、おそらく今の半分の日数で工事は終わるだろう。ということは、材料費は別としてこの工事では人件費と機械費で一日約50万円はかかっているが、その半分は無駄だということだ。工期が100日だから半分の50日分の無駄、50万円／日×50日＝約2500万円の税金が無駄ということになる？」

日本の公共事業費は高いといわれるけれどこんな所にも原因がある！

ところが、別の日に今度は車を運転していてこう思いました。
「ちぇ！工事渋滞か！さっさと誘導しろよ！いつもはすっと走れるところを。1台10分余計にかかったとすると時給1200円として10分では200円だけど、時間当たり1000台の車が通り一日8時間、計8000台が被害を受けるとすると、えーと200円×8000台＝160万円。100日も工事すると…何！1億6千万円！」

公共工事なんてやめてしまえ！

というわけで、工事により道路交通に影響を及ぼすことはとても悪いことなのです。

そこで公道上に作業帯を設けて工事をする場合は、まず交通量を調査し現在の交通状況を把握することが不可欠とされます。

交通量調査はどの方向に何台の車（時にはバイクや人も）が通過するかを、時間ごとに調べるものです。しかし、この調査結果に基づいて道路使用許可を得て工事を始めても、時として次のようなことも起こります。まったく人生は

油断がなりません。

① 調査した日と工事をした日の季節、月あるいは曜日が違ったのか、作業帯を作って工事を始めたところ、大渋滞が発生し、直ちに工事の中止を求められた。
② 横断歩道を渡らない多数の人々が工事中の作業帯を通り抜け、仕事にならなかった。
③ 作業帯を作ろうにも、路上には駐車する車があふれ、停車する車（納品の車、客の車、配達の車）もひっきりなしという状況なのであきらめた。
④ 迂回路を案内したところ、どうも同じ車が何回も戻ってくる。そこで「どうしたんですか。」と聞くと、「あなた自分で走ってみなさいよ。」といわれた。自分で走ってみると確かに迷う。しかし、この込み入った街で他に迂回路はない。

もちろん一般的には「調査の結果に基づき、**図表－6**に示すような道路交通に関する制約条件を勘案して、道路使用の計画を立案する」ことになります。

さらに道路で工事を行う場合に、「交通量以外に必要な調査項目」なるものがありますので、それらを**図表－7**に示しましょう。
「え！こんなことまで調べるの？」
「そう、どこまでもね。」
つまり、最後に必要なものとして「あなたの忍耐」があるということなのです。

図表－6　道路工事作業における道路使用条件

	警視庁交通部 道路工事作業の道路使用	建設工事公衆災害防止 対策要綱
一車線の交通処理能力	通行帯の幅員	通行帯の幅員
相互交通：800台／時間 交互交通：700台／時間	車道1車線：3.5m 以上 車道2車線：6.5m 以上 歩道：1.5m 以上	車道1車線：3.0m 以上 車道2車線：5.5m 以上 歩道：0.75m 以上

図表-7　道路工事に必要な調査項目

道路環境	交通環境	沿道環境
1) 道路幅員 2) 車線状況 3) 交差点状況 4) 周辺道路状況 5) 橋・トンネルの有無 6) 支道の有無 7) 歩道、中央分離帯の有無 8) 勾配の状況 9) 視距の状況 10) 曲線半径の状況 11) 街路照明の有無	1) 駐車車両の実態 2) 路線バスの運行状況 3) バス専用・優先レーンの有無 4) バス停、タクシー乗り場の有無 5) パーキングメータ設置の有無 6) 各種交通規制 7) 横断歩道の有無 8) 自転車横断帯の有無 9) 停車帯の有無 10) 信号機の様態（矢印など） 11) ガードレールの有無	1) 通学路の指定 2) 車両出入り施設の有無 3) 用途地域の別 4) 病院・学校などの状況 5) 店舗などの営業状況 6) 周辺工事の有無 7) 工事抑制の有無

図表-8　道路使用許可の流れ（通常工事の場合）

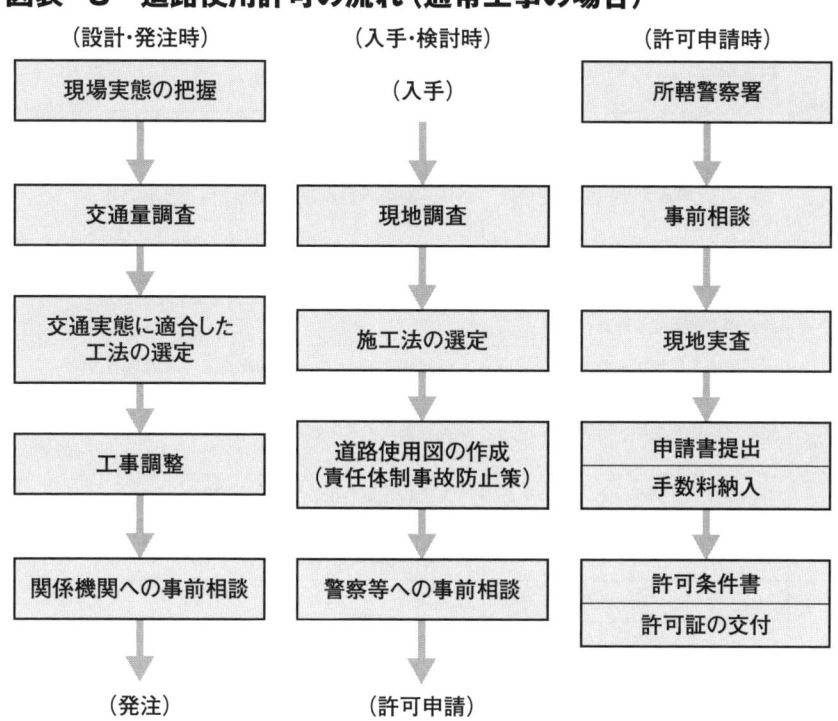

（設計・発注時）
- 現場実態の把握
- ↓
- 交通量調査
- ↓
- 交通実態に適合した工法の選定
- ↓
- 工事調整
- ↓
- 関係機関への事前相談
- ↓
- （発注）

（入手・検討時）
- （入手）
- ↓
- 現地調査
- ↓
- 施工法の選定
- ↓
- 道路使用図の作成（責任体制事故防止策）
- ↓
- 警察等への事前相談
- ↓
- （許可申請）

（許可申請時）
- 所轄警察署
- ↓
- 事前相談
- ↓
- 現地実査
- ↓
- 申請書提出／手数料納入
- ↓
- 許可条件書／許可証の交付

2.06 振動・騒音調査
数値で計れるものと計れないもの

発注者（甲）と施工者（乙）の次の議論について、あなたはどう感じられるでしょうか。

（乙）「通常避けることのできない振動・騒音は発注方の責任のはずです。」
（甲）「いや、そちらが善良な管理者の注意を怠ったからだ。」

図表-9　振動・騒音規制法の規制値

	特定建設作業	条件	規制値
振動	杭打機を使用する作業	もんけん、圧入式杭打抜機、油圧式杭打抜機を除く	75dB
	鋼球を使用して工作物を破壊する作業		
	舗装版破砕機を使用する作業	1日に2地点間の距離が50m以上を超えるものを除く	
	ブレーカ（手持ち式を除く）を使用する作業	2地点間の距離が50m以上を超えるものを除く	
騒音	杭打機、杭抜機または杭打抜機を使用する作業	もんけん、圧入式杭打抜機、アースオーガと併用する作業を除く	85dB
	鋲打機を使用する作業		
	さく岩機を使用する作業	1日以内に50m以上の距離をもって移動するものを除く	
	空気圧縮機を使用する作業	電動駆動式のものおよび動力が15kW以下を除く	
	コンクリートプラント、アスファルトプラントを使用する作業	それぞれ容量0.45m^3以上、200kg以上	
	バックホウを使用する作業	原動機の出力80kW以上	
	トラクタショベルを使用する作業	原動機の出力70kW以上	
	ブルドーザを使用する作業	原動機の出力40kW以上	

・地方自治体により、この他に規制値が加えられる場合が多い。
・規制値は敷地境界線での値。

標準的な契約書には、傍点部の記載があります。

振動・騒音の問題は、こうすれば解決という決定打がないだけになかなか難物です。このように言うと、こんな素直な感想もあるでしょう。

――だって、騒音・振動の規制値があるでしょう（**図表－9**）。それを守っていれば問題ないんじゃないですか？

「いやいや、振動・騒音の規制値はそれ以下で当たり前で、もちろん超えていれば工事は許されないが、それ以下だからといってやらせてもらえないんだよ。」

――なぜですか？

「それは、『公共のために受忍すべき限度かどうか』が問われるからなんだ。この『受忍すべき限度』は工事をする側が決めるのではなく、被害を受ける側が決める。したがって『受忍する』といってもらえないと、『発注者に責がある場合以外は、第三者に及ぼした被害は請負者が損害を賠償する』などという契約条項が適用されることになる。」

振動・騒音は、振動騒音計を用いてデシベルという単位で測定します。この測定値は振動・騒音の波形を統計処理して得られるものです。人間の体が感じる振動・騒音は音のエネルギーという物理的な量に必ずしも忠実ではありませんが、データは個人差を排除し、統一的な補正を行って、普遍的数値を出そうというものです。

図表－10　音の目安

騒音のレベル	音の目安	騒音のレベル	音の目安
120dB	飛行機のエンジンの近く	60dB	静かな乗用車、普通の会話
110dB	自動車の警笛	50dB	静かな事務所
100dB	電車が通るときのガード下	40dB	市内の深夜、図書館
90dB	大声による独唱、騒音工場内	30dB	郊外の深夜、ささやきの声
80dB	地下鉄、電車の車内	20dB	木の葉のふれあう音
70dB	騒々しい事務所		

しかし、「現実の騒音・振動問題とどうも何か違う」と感じます。
　例えば、苦情があったときに「規制値以下です。」という説明は禁句とされています。
　どういうわけかこれを口にすると、話がこじれ、工事の遂行がままならなくなるのです。どうも科学的な調査結果が無力なのです。
　この問題が難しくなる理由の一つは、振動・騒音の受け取り方に個人差があることです。加えて、近年問題となっている「低周波振動」による被害は反応が出るまでに時間差があります。つまり振動・騒音には「数値で計れるものと計れないものがある」ということでしょう。
　こんなことから、振動・騒音問題では苦情を聞いても真の原因を特定することが困難で、一定の解決策がないまま、個々に対応するしかない事態となります。このように「苦情は個人の主観」と思われるものですが、それなりの経験則はあるので、ここで密かにその一部を公表しておきましょう。

▸ 振動・騒音の苦情処理の法則

（法則１）いつ終わるかわからない振動・騒音は我慢できない
　　→インフォーメーションを充実しよう
（法則２）事前に話を聞いていない振動・騒音も我慢できない
　　→コミュニケーションも大切
（法則３）いろいろやってくれていると言いにくくなる
　　→誠意は形で
（法則４）顔が見えると言いにくくなる
　　→最後は人と人との信頼関係

あれ！せっかくここまで解説したのに、また何かもめています。

社員Ａ：「とにかくこちらは技術屋なんだから、そういう問題にはかかわるべきではない。振動・騒音への苦情対応なんて、誰かにまかせておけばいいんだ。」

社員Ｂ「では、店社でやってもらえるんですね。」

社員Ｃ「店社としては根拠さえあれば、支出は仕方ないと思いますので、折衝のほうはぜひそちらで…」

……あ〜ぁ。

2.07 施工計画
自分のために計画書を作っていますか？

さて、第2章、事前調査・計画も本項「施工計画」で終わりとなります。

施工計画書をどう作るかについては発注先の仕様書に「施工計画書に記載すべき事項」などが示されています。例として**図表－11**のものなどはどうでしょう。

しかし、「これだけが施工計画書である」となると問題は大きいと思われます。なぜなら、これは発注先に必要があるために作っているものだからです。

通常の契約図書には目的の築造物の形状や寸法、あるいは求める品質や工期などの要求事項が示されています。しかし、これらを満たすための施工のプロセスは施工者が自らの技術、能力、経験とリスクにより最適なものを組み立てなければなりません。これによって初めて適正な利潤が生み出されるからです。

発注先により仮設方法や施工管理基準が定められているからといって、自らの施工計画を立案しないことは自殺行為です。これらは守らなければならないルールですが、これらを守りながら、どのような施工プロセスとするかが施工者の腕というものです。つまり、自分のために施工計画書が必要なのです。

では、どう作ればよいのでしょうか。

そのことのためには、次章からの施工管理、工程管理や安全管理を読んでいただきたいと思います。なぜなら「自分のための施工計画」とは、これらの管理をどう進めるかという工事プロジェクトの戦略そのものだからです。

図表－11　施工計画書に記載すべき内容

ア	工事概要	ク	施工管理計画
イ	実施工程表	ケ	緊急時の体制および対応
ウ	現場組織表	コ	交通管理
エ	安全管理	サ	環境対策
オ	指定機械	シ	現場作業環境の整備
カ	主要資材	ス	再生資源の利用の促進
キ	施工方法(主要機械、仮設備計画、工事用地等を含む)	セ	建設廃棄物の処理・処分

CHAPTER ③
失敗しない施工管理

　——先輩、いまさらここで「施工管理で守らなければいけないこと」なんて説くつもりですか？
　いや、そんなつもりはないよ。
　——とりあえず発注先の仕様書や管理基準を満足すればいいんじゃないですか。他に労働安全衛生法や要綱なんかも、よくできていますよ。
　それだけじゃ、だめなことだってあるだろう。
　——でも、その筋の専門家からいっぱい本もでていますよ。
　でもなぁ、おまえもなんか少し違うと思ったことがあるだろう。
　——そりゃあね。なんかこう目のつけどころみたいなものは。
　そこなんだよ。私が必要だと言いたいのは。
　——でも、危険ですよ。先輩はいい事を言うなぁと思っても、時として暴走しますからね。」
　だから、そのためにおまえがいるんだろう。

　第3、4章では経験豊富な感覚派の先輩と、研究熱心な理論派の後輩が登場しますが、あなたならどちらの意見により賛同しますか？

3.01 土工事の計画
鍵を握る一台の機械

CHAPTER3 失敗しない施工管理

● 一日でおよそどのくらいの土量を搬出できるかを知りたいと思ったとき、おまえならどうする？

――そうですね。サイクルタイムというのがあるじゃないですか。あれなんかどうですか。バックホウで掘削・積み込みをやるときなんかが標準でしょ。例えば旋回半径ごとにサイクルを求めます。するとバックホウに対して90度方向にダンプを配置すると最もサイクルタイムが短くなって効率的となるんじゃないですか？

● あんなもの実際と合うと思うか。

――そう思うでしょう。そう思って、自分でも実際に測ったことがあるんですよ。もちろん、その時の土質なんかにもよるんでしょうけど、意外と合いますよ。

● おまえ、一日中見ていたのか？

――そんなに、暇じゃありませんよ。でも何台かは数えてましたよ。積算基準なんかもこれに基づいて作られていますよ。**図表－1、図表－2**なんかが標準的に使えて便利なんじゃないですか。

● それで、その日に搬出できた量はそのサイクルタイムから求めた量と合ったのか。

――いや、そのときは午後から掘削箇所の段取り替えで予定の半分しかできませんでした。

● それじゃ、他の日はどうなんだ。だいたい今月の掘削量はそのサイクルタイムで分かったのか。

――それがですね。まず機械のトラブルでしょ。次に前日の雨で半日水替えをやったり、おまけに調子のいい日に限って道路が混んでダンプが来なかったりで…。あぁ、それにオペレータが変わって慣れていない人が来た1週間は最悪でしたしね。結局3分の2くらいですかね。そういえばどうしてでしょうね。

図表-1　バックホウ運転1時間あたりの掘削・積込み土量 (m^3)

旋回角度	サイクルタイム	規格（バケット容量）		
		$0.1m^3$	$0.4m^3$	$0.7m^3$
90°	28 秒	6.0	23	41
135°	32 秒	5.0	20	35
180°	36 秒	4.5	18	32

[参考] バックホウの作業能力の算定式　　　　　　　　　　　　　　（注）本表は、q＝公称の90％、E＝0.5の場合

土量（地山）＝ 3,600 × q × E ／ C　（m^3／h）
　q：1サイクル当たり掘削・積込み量（m^3）　　　E：作業効率　　0.4〜0.8
　公称バケット容量の 70〜100％　　　　　　　　　C：サイクルタイム（秒）

図表-2　バックホウの一日当たりの施工量 (m^3)

障害	作業の種類	規格：山積（平積）m^3		
		0.45 (0.35)	0.8 (0.6)	1.4 (1.0)
なし	地山の掘削積込み	—	300	500
	ルーズな状態の積込み	160	310	520
	床掘	150	220	—
あり	地山の掘削積込み	—	190	320
	ルーズな状態の積込み	160	310	520
	床掘	100	180	—

対象土質：レキ質土、砂、砂質土、粘性土

● だから、おまえには見えていないものがあるんだよ。バックホウだけが動いているんじゃないんだ。良く見てみろ。第一線で地山と格闘しているバックホウと、その横には土留め壁についた土を人力で落としている作業員がいるだろう。次にその後ろには土を集めているブルドーザ、そして路上には集まった土をつかんでダンプに積み込んでいるクラムシェル、さらにダンプカーとこれを誘導して入れ替えているガードマンだ。これら全体で土工事はすすんでいるんだ。こういうのを何といったかな。全体が相互につながっている関係の全体を言う言葉？

　──全体系ですか。

● それだ。その**全体系で土工事は機能している**。だから、その一部でも動かないと全体の機能が止まってしまうんだ。

3.02 土工事の管理
全体系は最も能力の低いものに支配される

● ところで、全員が優秀なオペレータというわけにもいかないだろう。おまえだったら、この全体系の中のどの役に最も有能なメンバーを配置する？
——そうですね。やはり最先端で格闘しているバックホウですかね。

● うーん。いまひとつだな。確かにそこには運転のうまいオペレータが必要だ。だが「全体系は最も能力の低いものに支配される」のが基本原理だ。だから全体系の動きを見て、変化を事前に察知し、問題箇所に適切な手を打って全体の機能を管理できる者が必要となるんだ。彼は全体を見て、どこが滞留しそうかを事前に察知して手を打つ必要がある。例えば湧水対策は行われているか、また機械の調子はどうか、オペレータの体調はどうか、その能力はそれぞれの箇所で適切かなどを常に把握し、問題があれば適切な手を打っていくんだ。実はその役を果たすには、積込みのクラムシェルに乗っているのが最適なんだ。だから、ここに一番有能なメンバーが欲しい。全体系はこの者が優秀かどうかで大きな影響を受けることになるわけだ。

——そういえば、先日クラムシェルのオペレータが掘削面を足で踏んだり、測量のポールを持ち出してつついてみたりしていたのは、それとなんか関係あるんですかね。危ないからやめろと言おうかとも思ったんですけど。

● それは言わずにおいて良かったよ。機械が走行可能かどうかはトラフィカビリティーというが、これは例えば赤白の測量ポールを 10cm 貫入できたらコーン指数で約 $10\,\mathrm{kg/cm^2}$（体重を 65kg と想定）、それから人間一人が片足で立ったら接地圧で $0.5\,\mathrm{kg/cm^2}$ なんてところかな（**図表ー3**）。これを機械の仕様と比べれば、機械が走行可能かどうかの目安がつくんだよ。そいつはなかなかできるやつだな。

——その全体系とやらはなんだか工場のオートメーションラインに似ていますね。いや、そのラインを実際に見たことはないんですけど。

図表-3　機械の種類と必要なトラフィカビリティー

機械の種類	接地圧 (kg/cm^2)	コーン指数 (kg/cm^2)
湿地ブルドーザ	0.3～0.4	3 以上
バックホウ	0.4～0.5	4 以上
ダンプトラック	—	12 以上

◉　確かにそうかもしれない。でも、普通はオートメーションラインだと感じないのは、工事の現場での動きが工場での動きよりはるかに不安定だからだろう。もちろん、その原因は相手が自然界で雨が降ったり土質が変わったりで、変動しやすいことにもよるが、それだけじゃない。それよりこれらを動かす個々の人間が、工場よりはるかに行動の自由度を持っていることのほうがより大きな原因だろう。例えばちょっと時間が空くと勝手に掘削土の仮置きを始める、あるいはどんどん掘ってしまう者だっている。もちろん、のんびり待っている者もいるが…。その動きが全体系としてマッチするかどうかを誰かがコントロールしてやる必要があるんだ。

　——でも、人間が深く関与している分、逆に可能性は大きくありませんか。
◉　たまにはいいことを言うね。実はそのとおりなんだ。だからよく機能する良い全体系を作れば大きな成果を得られる可能性がある。

　——なるほどね。バックホウの旋回角度だけで効率的というほど、事態は簡単じゃないんですね。
◉　せっかくだからもう一つ。「標準的」なもの、例えば標準施工能力とか標準単価といったものは多くの数量をまとめたときや、長い期間を通して見るときなどのマクロでは正しいかもしれない。しかし目の前で起こっていることが「標準なら問題ない」と考えて良いものだろうか。もちろん「標準」と比べてみるのは構わないが、標準どおりだからといって何かが分かるわけではない。むしろ昨日の結果、明日の目標と今日の実績を比べることのほうが問題点を把握し、トラブルを回避し、明日の成果に結びつく可能性が高い。そういう意味で「標準」を良しとする考え方は、むしろ目前の管理には不適当かもしれない。

3.03 土工事の対策
トラブルの前兆を見つける目

――ところで、先輩はトラブルがあっても、あまり動じませんよね。じたばたしないのはいいんですが、悪く言えば鈍感。いやちょっと違うか。でもなんだか楽しそうでもありますよね。

● そんなことはない。実は「ノミの心臓なんだ」

――それは聞かなかったことにして、掘削工事では予想もしないトラブルが結構多いですよね。何とかなりませんか。

● 予想もしないというが、それはおまえの見方が足りないだけで、何事にも前兆というものが必ずあるはずだ。もちろん人間だからすべてに気がつくわけではないけれどね。

――じゃぁ、掘削工事におけるトラブルの予測方法なんてのを伝授していただけませんか。

● その前に、まずどんなトラブルが考えられるかくらい自分でまとめてみろ。

図表-4 掘削時の異常と対策

トラブルの事例	応急対策	恒久対策
ヒービング・ボイリング	埋め戻し 掘削側を湛水する	掘削側の地盤改良 背面の地下水位低下 掘削底面の地盤改良（止水）
盤ぶくれ	埋め戻し 掘削側を湛水する	掘削側の地下水位低下 部分掘削
土留め壁の変形	切梁・腹起しの増設	掘削側の地盤改良 背面の地下水位低下
切梁の軸力、腹起しの変形、火打ちのずれ	切梁・腹起し・ボルトの増設	部材断面の増加
土留め壁面からの漏水	木栓（詰め物）、鉄板貼り、土のう積み	止水薬注

まとめるのはおまえのほうがうまいだろう。
　──仕方ないですね。**図表－4**なんてところでどうですか。
◉　まぁ、いいだろう。でも実際に掘削工事が中断するのは、この他にもいろんなものがある。
・土中に障害物があった。
・埋蔵文化財が出た。
・予定外の埋設物があった。
・掘削面が乱されると急に性状が変化し、機械が動けなくなった。
・土質が調査結果と違った。
・地下水位が調査結果と違った。
　──そういえば「工事を中断して、監督員に報告したり協議する事項」として仕様書にいろいろと書いてありましたね。例えば、
・施工上やむをえず設計図書に定める範囲を越えて障害物を切削する必要が生じたとき
・崩壊・破損のおそれがある構造物等を発見したとき
・設計図書における土および岩の分類の境界を確認し、設計図書と一致しない場合

なんてのもありましたね。でも、こんなものに前兆があるんですか。
◉　あるといえばあるし、ないといえばない。
　──変なことを言ってないでちゃんと教えてくださいよ。
◉　まず、掘削した翌朝に、しかも皆が作業を始める前に現場へ行ってみることだな。そして、まだ機械が動き始める前に、掘削面はどのような様子か、前日と何か違いはないかなどをよく観察する。そのときに砂が盛り上がっていたり水が湧いているようなら、ボイリングやヒービングの始まりだろう。また盤ぶくれでは中間杭が持ちあがったりするので、何か目印をつけておくことだな。もちろん大規模工事になれば土留めの変形などを計測しているだろうが、腹起しの裏込めの隙間やボルトの締まりなどを目視でよく観察することでトラブルを事前にかなり察知できるものだよ。
　──周辺地盤の沈下や「キレツ」なんかはどうですか。

3.03 土工事の対策

● そのことだけで原因を特定するのは難しいだろう。むしろ思い当たる原因をあたってみるべきだ。その原因らしきものとして考えられるものには、

・覆工端部の埋め戻し不十分
・土留めからの土砂流出
・土留めのたわみ
・ヒービング、ボイリング、盤ぶくれ
・地下水位低下による圧密沈下
・切梁、鋼矢板の撤去

などがある。

　間近に行った工事内容と照らし合わせて考え、対策は推定される原因に対して打つ必要がある。

　それと土留め壁面からの漏水は要注意だ。澄んだ水なら排水だけで何とかなるが、濁っていたり、まして土砂が混じっていたらすぐにでも工事を中止して、昼夜を問わず対策をとるべきだね。

　――でも、表の中の記述で「応急対策に鉄板を貼る」なんてのはいいんですが、「掘削個所を湛水する」って水没させることでしょう。こんなことできます？

● それは突然に思いついてもムリだな。だから、何かの前兆を感じたときそれが起きないような対策をとると同時に、もし起こってしまったらどうするかの対策も併せて考えておく必要があるんだ。あらかじめ覚悟が決まっていれば、いざというときにじたばたしないで済むものだよ。

　――でも、そんな人は滅多にいないんじゃないですか。

● この前、ショーン・コネリー扮する大泥棒が、ピンチに陥ったときには淡々と「では作戦ケースBに切り替えるか。」と言って、危機を脱したぞ。

　――だからそれは、映画だってば。

3.04 杭工事と工法選定
自分の性格、相手の性格から相性を選ぶ

――土留め杭や基礎杭の工法っていっぱいありますよね。あれはどうやって選んでいるんですかねぇ。

● おまえ、工法選定表って見たことないのか？

――ありますよ。ずらりと工法が書いてあって、「本工事での適応性」とか工期・経済性なんて欄があり、総合評価で○とか△とかがついている表でしょう。でもあれってあらかじめ結果が決まっている「できレース」みたいで「うそくさい」ですよね。なんだか別に決めておいて、それを説明するために後づけで理由を考えていませんか？

● それで？

――だから、本当のところはどう考えて決めていくのかが知りたいんですよ。

● そう思うだろ。それで私は新しく**「恋人選び式　杭工法選定表」**というものを作成したんだよ。

――げ！何なんです。その恋人選び式ってのは？

では説明しよう。次ページの**図表-5**をとくとご覧いただきたい。まず、現場の性格（タイプ）についていくつかの質問項目にYes、Noで答えていく。そうするとどういう種類の施工法と相性が良いかがわかる。ここで選ばれた施工法は、その方法で施工可能ないくつかの土留め杭、基礎杭の種類と結ばれており、その中から「その工事に必要な機能のタイプ」に合致した工法を選ぶ。こういう手順になっている。

――普通のやり方とだいぶ違うように思えますが…。

● それが、本当は違わないんだよ。現場での「適応性」と「必要な機能」とを分けて考えようというだけだよ。現場での適応性とは、いわば「自分の性格」、必要な機能とは「相手の性格」かな？　相手に理想ばかり追い求めても本当にふさわしい相手を選べないだろ。それより自分の性格と合致する相手の候補の

図表-5 恋人選び式 杭工法選定表

（現場の性格について質問項目にYes、Noで答えていく。
そうするとどういう種類の施工法と相性が良いかがわかる）

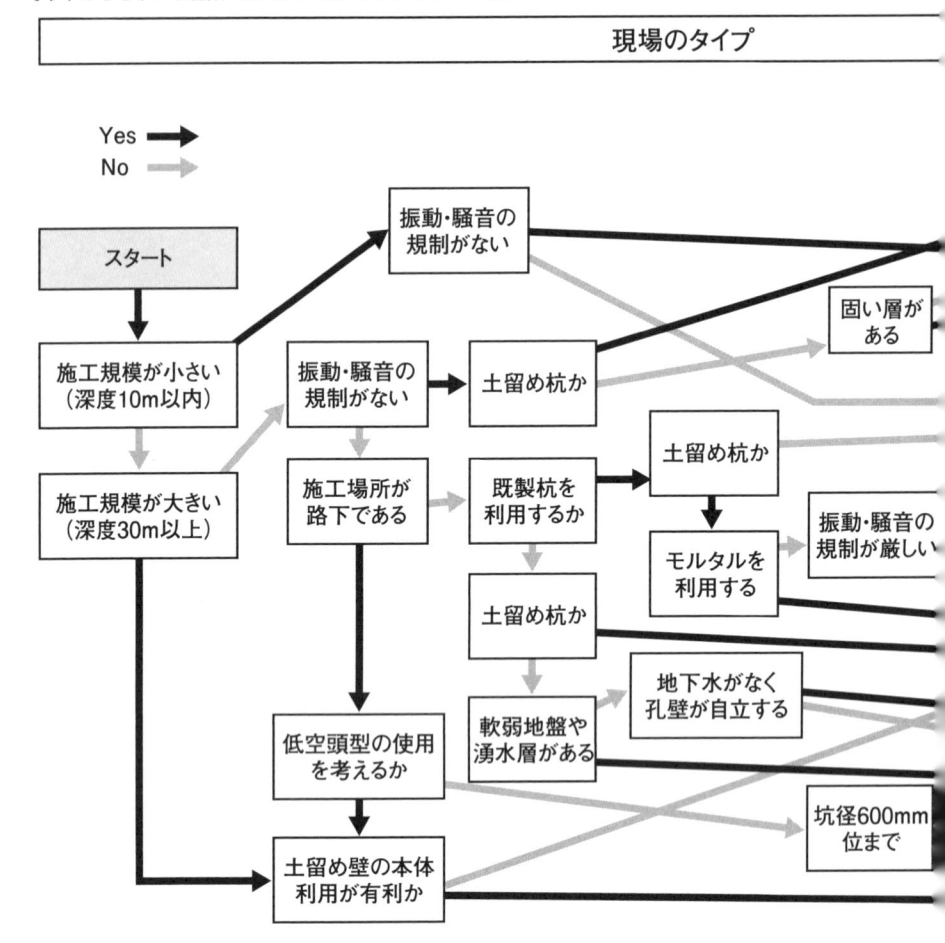

現場のタイプ

Yes →
No →

- スタート
- 施工規模が小さい（深度10m以内）
- 施工規模が大きい（深度30m以上）
- 振動・騒音の規制がない
- 施工場所が路下である
- 低空頭型の使用を考えるか
- 土留め壁の本体利用が有利か
- 振動・騒音の規制がない
- 土留め杭か
- 既製杭を利用するか
- 土留め杭か
- 軟弱地盤や湧水層がある
- 土留め杭か
- モルタルを利用する
- 固い層がある
- 振動・騒音の規制が厳しい
- 地下水がなく孔壁が自立する
- 坑径600mm位まで

中から選ぶほうが、本当にふさわしい相手にめぐり会えるというものなんだよ。
——なんだか、いずれも理想の相手を見つける目的は同じでありながら、「恋愛結婚と見合い結婚のどちらを選ぶか」のような話ですね。でも自分の選んだ「現場のタイプ」から出てくる候補のなかに必要な機能を満たしてくれる理想の相手がなかったらどうするんです？

3.04 杭工事と工法選定

相性 ← → 機能のタイプ

杭工法との相性

工法タイプ	相性の良い杭工法の記号
【打撃タイプ】	
ディーゼルハンマー・油圧ハンマー	a1, c1, c2
バイブロハンマー	b1, b2, c1, c2
ウォータージェット併用バイブロハンマー	b1, c1, c2
【オーガータイプ】	
プレボーリング(建柱車)	a1, b1
中掘機(三点式杭打機)	a1
アースオーガー併用圧入機	c1, c2
油圧式圧入機	c1, c2
【場所打ち杭】	
単軸	d1, d2, d3
多軸(ソイルモルタル)	d4, d5
アースドリル	a3
リバースサーキュレーション	a3
オールケーシング(ベノト)	a3
大口径ボーリングマシン	a2, d1
深礎	a3
壁式地下連続壁	e1, e2, e3, e4

杭の機能（↑良、→普通、↓不良）

経済性	支持力	種別		杭工法の記号
→	→	PC杭・鋼管杭	基礎杭	a1
↑	→	H鋼モルタル杭	基礎杭	a2
↓	↑	場所打ちコンクリート杭	基礎杭	a3
↑	↓	親杭横矢板	簡易	b1
↑	↓	軽量鋼矢板	簡易	b2
→	→	鋼矢板	鋼矢板	c1
↓	↑	鋼管矢板	鋼矢板	c2
→	→	H鋼モルタル杭／場所打ち杭壁	柱列式地下連続壁	d1
→	→	PC・RC杭／既製杭壁	柱列式地下連続壁	d2
↓	↑	鋼管矢板／既製杭壁	柱列式地下連続壁	d3
→	↑	SMW／ソイルモルタル壁	柱列式地下連続壁	d4
→	↑	等厚壁／ソイルモルタル壁	柱列式地下連続壁	d5

土留め壁の機能

経済性	断面性能	遮水性	種別	記号
↓	↑	↑	RC連壁	e1
↓	↑	↑	鋼製連壁	e2
→	→	↑	泥水固化	e3
→	↑	↑	ソイルモルタル壁	e4

● そういうところが、学校で試験問題に慣れすぎだというんだ。必ずしも最適の答えがいつもひとつあるわけじゃないだろう。現場のタイプを変えてみるか、あるいは不足する機能を補完する方法を考えれば良いじゃないか。

──やっぱり、恋人選びと同じか……。

3.05 杭工事と予防管理
予測と予防に生きる土木屋の知恵

——それにしても杭打ち工事ってまず予定とおりには進みませんよね。だから「打ちもの」が終わったときはなんだかほっとしますよね

◉ まあ、何があるか分からないからね。鉄筋・型枠・コンクリートといった躯体工事が毎日の作業の積み重ねということから「農耕的」だとすると、杭打ち工事は「狩猟的」だな。常に全身の神経を集中して周りを観察し、これから起こることを必死で予測する。そして対策を怠りなくする。それでいて、決断

図表-6　杭打ち時のトラブルとその対策

工種	トラブル	対策
共通	障害物による施工不能	布掘り、探針
	埋設物損傷	調査、試掘、立合
	周辺地盤沈下	引抜き跡充填、作業盤補強
既製杭工	杭の損傷	キャップ使用、吊り位置・吊り方
	高止まり	土質調査、サウンディング
	支持力不足	スライム除去、打撃打止め
	溶接不良	有資格者、工程内検査
	傾斜	測定管理
	ずれ	引照点保持
場所打ち杭	鉄筋かごの変形	スペーサの配置、結束
	鉄筋かごの共上がり	ケーシングの引抜き速度
	泥水の巻き込み	コンクリート内にトレミー管を2m以上、プランジャーの使用
	孔壁の崩壊	孔内水位保持、安定液の比重管理
土留め壁	背面の空洞	余堀過多、充填
	ぶれ、よじれ、倒れ	導材使用、ガイドウォール設置
	共下がり	セクションの整備、早めの修正

は必要だし、一瞬の油断をすると危険が待っている。まさに「サファリ」だね。

——まさか！「狩猟」なんてやったことないでしょ。それより、「杭打ち時のトラブルとその対策」のほうが必要でしょう。こんなもの（**図表ー6**）を作ってみたんですが、どうでしょう。

◉ まあ、一般的なトラブル対策としてはそんなものかな。

——なんかひっかかる言い方ですねぇ。じゃぁ次のような施工管理基準なんかも必要ですかね。

◉ いずれにせよトラブルが発生してからの修正はどれも大変なので、早めの手当が大事だな。

図表−7　杭工事の施工管理基準例

対象	基準高	ずれ	傾斜
基礎杭	±50mm	杭径 D/4 かつ100mm以内	掘削深さの1/150以内
矢板	±50mm	100mm以内	—

杭打ちの施工管理規定（例）

「矢板の打込みを行う場合には、導材を設置するなどして、ぶれ、よじれ、倒れを防止し、また隣接する矢板が共下がりしないように施工しなければならない。」

「仮設 H 型鋼、鋼矢板等の引き抜き跡を沈下など地盤の変状を来さないように空洞を砂等で充填しなければならない。」

「設計図書に示された深度に達する前に矢板が打ち込み不能となった場合は、原因を調査するとともにその処置方法につて協議しなければならない」

「ウォータジェットを用いて矢板を施工する場合は、最後の打ち上がりを落錘（らく すい）等で貫入させ、落ち着かせなければならない。」

3.05 杭工事と予防管理

──そんなこと言ったって、トラブルは発生してみないと分からないでしょう。土質調査ですべてが分かるわけではないですし。
● やってみないと分からないというが、実は昔から伝わる方法があるんだよ。まあ「予測と予防に生きる土木屋の知恵」ってとこかな。

1 本目の杭をよ～く観察する

──えっ、そんな方法があるんですか？ もったいぶってないで教えてくださいよ。
● それはな、一本目の杭で施工状況をよく観察することなんだ。
──なーんだ。
● そうは言うが、「最初の杭の打設」はいろんな情報を与えてくれるんだよ。しかもまさにその場所のものをね。
● 一本目の杭を施工しているときにこんな観察をするんだ。

例えば、深さとともに「土質がどう変わっていったか」、「固さはどうか」、「水分はどうか」などだね。土のサンプルが採取できればさらにいい。「機械のぶれ方」、「オーガーにかかる負荷」なんかも大切なデータになる。そして記録を取っておく。

これが役に立つんだ。

だから「試験杭」として計算外の杭を打つことだってあるんだ。

もちろん「試験杭」を施工しないとしても最初のうちは杭を長めにしておくくらい常識なんだよ。

──なるほど。おみそれしました。

3.06 土留め支保工・桟橋工事
土木工事は運送業？

　さて、ここでは土留め支保工や路面覆工・桟橋架設などのいわゆる重仮設工事を取りあげます。しかし、いつもの先輩はどうしても手が放せない用事があるということなので、ひとつここは私一人で解説を試みたいと思います。

　まず、これらの工事で必要な手順を時間を追って並べ、併せてその要点を述べてみます。

> **1) 工事着手 1 週間前まで：**
> ①施工図を作成する。
> ②必要な数量を拾い、リストにしておく。
> ③施工計画を定め、作業標準（手順）書を作成する。

　計画段階では、材料の種類をできるだけ少なくしておくことが大切です。一般に仮設工事では、実際に組み立てることよりその場所に資材を運搬することのほうが大変です。その意味で土木工事業の本質は、運送業に近いともいえます。仮設資材の中で用途が限られた専用の資材は便利なようでいて、臨機応変な利用が難しく、運搬の労が多いものです。相当に優れた資材でないと、これら専用の資機材は有効にはなりえません。

　それよりも、汎用性がある資機材のほうが有利です。例えばエンドプレートを準備するとします。200mm 間隔で 4 つの孔が必要なケースと、150mm 間隔で 4 つの孔が必要なケースがあったとすると、2 種類のエンドプレートを用意するより、200mm 間隔と 150mm 間隔の 8 つの孔を設けたものを 1 種類だけ用意する方が作業の効率は上がります。たいていの場合は、余分の孔あけ代金は作業効率のアップでお釣がくるはずです。

> **2) 前日：**
> ①工事の予定範囲を定める。

②必要な人員・資材・機械とその配置を図面で確認する。
　③数量表をもとに翌日の資材・機械の出荷を連絡する。
　④資材の在庫を確認し、必要な測量を終わらせておく。

　この段階での注意事項としては「必要な資材を必要なときに必要なだけ搬入すること」が挙げられます。これを「ジャスト・イン・タイム」の原則といいます。必要に応じて搬入の時間も指定しておきましょう。これにより、無駄な仮置きの時間などが節約でき、またスペースを有効に活用することができます。
　また、必要な資機材が見つからず、それを探している時間はまったくのロスタイムであるにもかかわらず、意外と多いものです。さらに「酸素・アセチレンガスの残量がなく作業中断」というのも情けない話です。加えて言わせてもらえば、「必要な測量が終わっていないので手待ち」などというのは論外です。

3）当日作業前：
　①作業内容と各自の役割を全員に周知する。
　②前日の作業で予定どおりにできなかった箇所に対策を用意する。

　作業予定は、あまりに細かいところまでを規定しても、必ずしも有効ではありません。それよりも「予定」ばかりでなく「予定どおりでなかったとき」の対策を用意しておきましょう。
　「資機材を何処に置くか」は大事な要素です。行き当たりばったりで行うと、作業途中での無用な段取り替えが生じてしまうことになります。

4）作業中：
　①トラブルに対して作業の進行・撤退を判断する。
　②全体の進捗をみて、作業の終了形態を決める。

　予定外のトラブルはあって当たり前です。このとき、前もって対策を考えていないと慌てふためくことになります。アクシデントを想定したシミュレーションを、頭の中で何度も繰り返しておく必要があります。
　──と、ここで先輩が帰ってきました。

3.07 鉄骨組み立て工事
覚えていますか？　ボルトと溶接の強度

——ここで先輩の意見を聞いてみたいと思います。どうです。私のコメントもなかなか良いところをついていると思いませんか。

◉　うーん、なかなか好調とみえるな。ところで、溶接の強度はどのくらいか知ってるかい？

——突然何ですか？　それが何か関係あるんですか？　えーと、確か許容応力度は $800kg/cm^2$ だったと…。

◉　違うんだな。そういうことではなくて、例えば隅肉溶接 6mm が 10cm あると何 kg の重量が支えられるかを覚えているか？

——そういうふうには覚えていませんが…。

[参考 1]　溶接の強度　P

溶接継手の強度は次式で求められる。

　　$P = \tau \times (\Sigma a \cdot L)$

　　　P：継手に作用する力
　　　τ：許容せん断応力度（kg/cm^2）
　　　a：のど厚
　　　L：溶接長さ

これによると、溶接長 1cm でサイズ 6mm の隅肉溶接では

　　$P = \tau \times \Sigma a \cdot L$

　　　$= 800\,kg/cm^2$（SS41）$\times 0.9$（現場溶接）$\times 0.6 \times 0.707 \times 1cm$

　　　$= 305\,kg$　→**センチ 300kg と覚えよう！**

◉　では、M22 ボルトのせん断に対する許容荷重は何トンあるかは覚えているか。

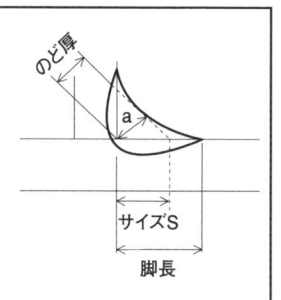

——これも、残念ながら。電卓を貸していただければ…。

[参考2] ボルトのせん断強度 S
　　S = πr² × τ（r：ボルト径の１／２）
　これによると M22 普通ボルトの場合、
　　S = π × 1.1 × 1.1 × 800kg／cm²
　　　= 3,040kg → **M22 ボルトは１本、3t と覚えよう！**

[参考3] ボルトの配置の目安（d: ボルト径）
　ボルト中心間距離　　3d mm　　　→ **径の３倍＆プラス**
　縁端距離　　　　　　d+15mm（M22）　**15mm と覚えよう！**

● 重仮設工事でたくさん使っている溶接やボルトの強度を覚えていないでどうする。溶接は1cm あたり300kg、M22 ボルトは１本あたり３トンと覚えておいてほしいな。

基本的な数字は覚えておく
…効果は絶大

● 土留め支保工や桟橋はもしも倒壊することがあったら、人命にかかわる重要な仮設であることは分かるだろう。もちろん設計図どおりに組み立てることは当たり前なんだが、実際に事故が発生するのはヒューマンエラーによるといわれている。そして、それを見つけるためには少なくともこういった数字は覚えておいて、現場の状況を判断する必要があるんだ。

最近は「覚えること」を重視しないが、現場に持っていけるのは自分の頭と体だけだ。現場では「その場」であればすぐに修正できることでも、「あとで」となるとなかなか難しい。だから覚えておくことの効果は想像以上に大きい。ボルトの純間隔や縁端距離なども不足することが多く、注意が必要だろう。

いずれにせよしっかりした技術的知識が必要な分野で、施工に不適当な箇所があれば作業を止めてでも直ちに修正・補強させる必要がある。

──いや、ちょっと仕事を進める技術屋の方向に走りすぎましたかね。

◉　まあ、そういうことだな。もう一歩ステップアップして考えてみよう。もし、自分が監理を一任された技術者となったとしたら…？

　　──安全は命でしょうね。みんなが目の前の仕事に熱中するのは良いとして、そのとき誰か一人くらいは全体を冷めた目で見ている人も必要ですよね。

◉　いや、そのとおり。

　あぁそれから、明日に必要な資機材を考えるとき、一週間先の分はさておき、一歩先の明後日の分も考えておくと、大きなメリットがあることを申し添えておこう。ほんの一歩先なんだがその差は大きいものだよ。

＊　　　　＊　　　　＊

　次ページに、土留め支保工・桟橋工の標準的な配置・サイズをまとめて示しました。標準的な寸法は現場における点検などに便利です。そればかりか、設計計算結果のチェックやあたり計算をするときなどにも活用できます。

　なお、覆工桁最大支間の計算条件は次のとおりとなっています。

[計算条件（注）]

1) 覆工桁支間とは、鋼杭または鋼矢板の前面間をいう。
2) 覆工桁最大支間は、自動車荷重 T-25 を 2 組、その外側に T-25／2 を全載、衝撃荷係数 0.3 とした値である。民地部等で路面荷重がこれと異なる場合は、その条件に合わせて別途設計すること。
3) 覆工桁断面性能により定まる覆工桁最大支間 L（桁間隔 3m の場合）

　　条件：$\delta \leq 2.5$ cm　または　$\delta \leq L／400$

　　　　　σ_{sa}（許容曲げ圧縮応力度）$= 210 N/mm^2$

　　　　　τ_a（許容せん断応力度）$= 120 N/mm^2$

（注）出典：「一般設計図並びに標準図」（東京地下鉄（株）、平成 20 年 4 月発行）

土留支保工・覆工・桟橋工の標準的な配置・サイズ

●建設工事公衆災害防止対策要綱

区分	対象	項目	規程	摘要
土留工	土留を施工	掘削深	1.5m 以上	
	重要な仮設	掘削深	4.0m 以上	
	杭	根入れ	1.5m 以上	重要な仮設
	鋼矢板	根入れ	3m 以上	〃
	腹起し	垂直間隔	3m 程度	〃
	切梁	垂直間隔	3m 程度	〃
		水平間隔	5m 以下	〃
	土留め板	厚さ	3cm 以上	
		フランジに係る長さ	4cm または厚さ以上	
覆工	受桁	たわみ	2.5cm かつ最大スパンの400分の1以下	

●覆工桁最大支間 (前ページの注参照)

桁高	桁材寸法	覆工桁最大支間 (m)	
		車両と覆工桁が直角方向	車両と覆工桁が水平方向
H-300	300 × 300 × 10 × 15	4.45	3.69
H-400	400 × 400 × 13 × 21	7.07	7.67
	400 × 408 × 21 × 21	7.23	8.01
H-450	440 × 300 × 11 × 18	6.25	6.14
H-600	588 × 300 × 12 × 20	7.94	8.64
	594 × 302 × 14 × 23	8.62	9.60
	602 × 304 × 16 × 27	9.57	10.93
	600 × 400 × 12 × 32	10.78	12.47
H-700	700 × 300 × 13 × 24	9.83	11.30
H-800	800 × 300 × 14 × 26	11.29	13.34
H-900	900 × 300 × 16 × 28	12.60	14.85

3.08 鉄筋コンクリート工事
コンクリート打設の日に用意するもの

——いよいよ明日はコンクリートの打設ですね。考えてみれば一年前に現場事務所を開設して以来いろんな事がありましたよね。夜間作業でやっと土留め杭を打ち終わったと思ったら、掘削工事は雨にたたられ…。そういえば豪雨で水没もしましたしね。鉄筋を組み始めたら厳冬で、雪が積もったときにはさすがにあせりました。

● 感慨にふけってないで、明日の準備は大丈夫なんだろうな。

——ええ、もうばっちりですよ。

● ところで、私の宿題はできたかな。

——あーあの、コンクリートの打設日に必要なものを「ハード」と「ソフト」に分けてリストアップするってことですよね(**図表-8**)。できていますよ。なかなかおもしろかったですよ。いままであまり意識したことなかったんですけれど、確かに二つに分けられるんですね。なるほど設備などのハードだけをそろえても上手く機能しません。それを生かすことができるのは打設計画などのソフトがあればこそなんですね。もちろんソフトだけでも話にならない。「この両者がそろって初めて良いコンクリートが打設できるんだなぁ」と思いました。

● ところが、もう一つ大事なものがないと実はうまくいかないんだよ。

——え？　まだあるんですか。

● 何だと思う？

——また、悪い癖が…。どうせ、自分でも言いたくてしょうがないんだから、早く言ってしまってください。

● そうか、それでは言うけど、それは人間への働きかけなんだ。別の言葉でいうと「動機づけ」「やる気・やりがい」「プライド」「参加意識」、なんてところかな。まとめていうと「人間性のマネジメント」とでも言いたいところだ。

073

図表−8　コンクリートの打設に必要なもの（ソフトとハード）

設備（ハード：ツール）

①運搬設備	②締固め・仕上げ用具	③仮設設備	④検査道具	⑤養生設備
コンクリートポンプ	バイブレータ	打設足場	スランプコーン	養生水・散水設備
配管	突き棒	機械配置スペース	エアメータ	養生剤
ホッパー	木槌	通路	塩分測定器	養生マット・むしろ
バケット	打継ぎ処理材（用具）	照明	テストピース	シート
シュート	木こて、金こて			ヒータ・ライト
トレミー管	トンボ			温床線
ねこ	仕上げ機械			

情報（ソフト：システム）

①運搬計画	②打設計画	③品質	④人員
開始時間	数量	呼び強度（強度計算）	打設員
時間当たり打設予定量	打設順序	スランプ（示方書）	左官
配車計画	作業標準	粗骨材の最大寸法	担当者
休憩予定時間		コンクリートの種類	試験員
終了予定時間		セメントの種類	型枠工
		指定事項	納入検査責任者

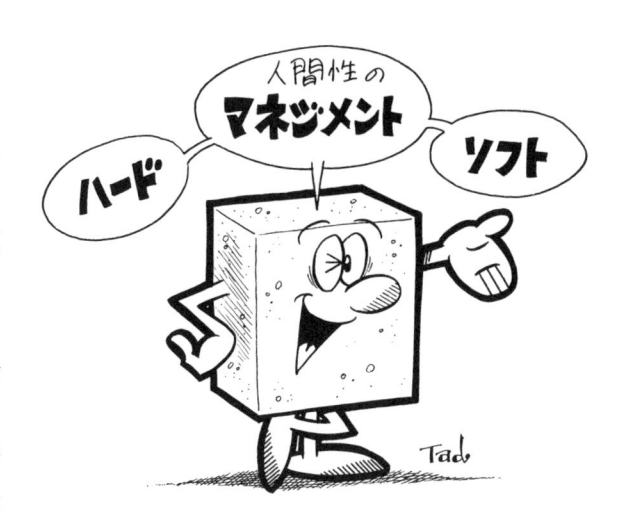

かつて、建設現場は今ほど機械化されていなかったし、もちろんレディーミクストコンクリートなどという便利なものもなかった。その頃にはコンクリート打設はそれはもう全員総出の一大イベントだったそうだ。まるでコツコツと育ててきた作物の収穫みたいなものさ。当然、作業員を含め全員に参加意識が育っており、良いコンクリートを打設することは自然と皆の目標となっていたようだ。

　ひるがえって、最近では、コンクリート打設はいつでも誰がやっても構わない簡単な工事に見えてしまう。それでも、コンクリートを打設するのは人間で、ソフトとハードを本当に機能させるためには「良いコンクリートを打設しよう」という意識が必要なんだ。

　現代の機械化された現場であるからこそ余計に、自分達の現場が、良いコンクリートを打設したいという意思をはっきりと伝達し、よしやってやろうという意識を共有できるようにする「人間性のマネジメント」が求められるんだ。

　そこが、昔からコンクリートの打設が終わると全員参加の慰労会がある理由だろうな。目的を共有した皆へのねぎらいさ。これも品質を作る大事な要素ということだ。

● ところで、今日は「初めてのコンクリート打設」だ。例の準備はできているだろうな。
　——そう言うと思っていましたよ。できてますって。
● ところで、つまみに「キムチ」買っといてくれた？
　——なんだ。それが言いたかったのか。

CHAPTER3 失敗しない施工管理

TOPICS1

必須科目 鉄筋コンクリート工事のコツ

　鉄筋コンクリート工事は「顧客に引き渡す最終的製品の品質がきまる」重要な工程である。ところがこの工程では大幅なコストダウンが困難であるばかりか、ここでのミスが原因で工事の完了前に補修を余儀なくされ多大な費用を要したことなども多い。

　また近年、環境面での配慮などから掘削工、基礎工の段階で工事遂行に時間を要し、鉄筋コンクリート工事を非常に短い工期で行わなければならないケースも増えている。加えて鉄筋コンクリート工事では多様な廃棄物が発生するため、その減少にも配慮していかねばならない。

　このように鉄筋コンクリート工事は安全や環境に配慮しながら順調な進捗をはかり、構造物の機能・美観など所要の出来栄えを確保するという重要な役割を担っている。

　鉄筋コンクリート工事の計画は次の手順によるとよい。

（1）計画構造物に必要であり、かつ顧客の求めている品質・機能を把握する

　このため設計図、仕様書、必要があれば設計計算書を熟読するなどして計画構造物の理解を進める。問題点を抽出し、顧客（発注者）、設計者と協議する。良質の製品を残すため設計変更をすすめることなども積極的に行うべきである。

　ただし、いたずらに高品質を求めることは自己満足にすぎず、施工性・経済性・維持管理のしやすさなどを勘案し、その工事において確保しなければならない品質の程度を明らかにしていく。

(2) 施工の順序を検討し、選定する

　こうして明らかになってきた計画構造物に求められる機能、品質をもとに施工のブロック割りを定め、施工の順序を検討する。どの順に、どうやって造るか、いくつかの案を作り、その中から最適なものを選定する。

　この時、良い計画かどうかのチェックポイントの一つに**「資機材の搬入・搬出がしやすいか？」**がある。これは建設工事（特に鉄筋コンクリート工を含む躯体工事）では実際の組立て・解体作業よりも使用する資機材をその場所に持ち込み、後にまた運び出すという運搬作業が多く、このことの成否が工事を左右するためである。

　さらに二つ目のポイントとしては**「作業の連続性が確保されているか？」**が挙げられる。これは同じ作業の繰り返しにより習熟・改善ができ効率、工期、安全性が向上、資材の無駄がなくなるためと考えられる。

(3) 全体工程を立案する

　次に同時に進行させなければならない他工種と関連を調整し、同じ工種が同じ時期に多く重ならないよう、いわゆる「作業の山崩し」を行う。これらの検討結果は、全体工程計画表としてまとめる。

　以上3点の経緯を踏まえ、仮設設備の検討にとりかかる。
　ここでは使用する資機材の種類を選定し、必要な機械、設備を準備するとともに必要に応じて強度計算などの設計検討を行う。所定の規模・期間をこえる「型枠支保工」「架設通路」「足場」については所轄労働基準監督署長に当該工事の開始30日前までに「機械等設置届」を提出する。これらをもとに、見積り・予算の作成など積算業務を行って実施工にとりかかる。

　十分な検討は大きな利益をもたらすというものの、時間をかければよいというわけではなく、重点とする方針を定め、工事の進捗にあわせて詳細をつめる。また状況の変化に応じ、見直しをすることも必要となる。

TOPICS2

鉄筋工事のコツ

　鉄筋工事を合理的なものにしようとした場合、加工・組立と運搬の関係について着目しなければならない。

　鉄筋材は、

鉄筋メーカー → 加工場 → 現場（投入口、仮置き場）→ 組立箇所

という順序で動いていく。

　そのため、

1）鉄筋をどこで加工するか。
2）鉄筋を（一部でも）あらかじめ組立ててから使うか？
　によって工事の内容が大きく異なる。

　これまでは「鉄筋は現地で加工するもので、加工場はできるだけ組立場所に近い方が有利」と考えられてきた。

　しかし最近では**「現場外に加工場がある場合の利点」「現場外で一部組立てることの利点」**について、次のような評価が行われている。

①加工場のスペースを他に有効利用できる。
②加工、保管設備が恒常的なものなので、加工精度・信頼度が向上する。
③組立のプレファブリック化に取り組み、ひいては「現場作業の低減」、「作業の平準化」の効果が期待できる。
④現場には「必要なものを必要な時必要なだけ持ち込む」という、いわゆるジャスト・イン・タイム方式での運用が可能になる。
⑤単に「現場に加工場を設けるスペースがない」

　一方、**問題点**としては

⑥加工場から現場までの運搬に余分な費用を要する。
⑦加工の大きさが運搬できる大きさに制約される。

CHAPTER3　失敗しない施工管理

⑧鉄筋の加工にはある程度必要な「現場合わせ」が難しくなる。

ことが挙げられる。

以上を勘案の上、加工・組立と運搬の方針を決定し鉄筋工事に着手する。

次に計画段階に行っておくべきことについて、さらに詳しく述べる。この段階での配慮で工事の成否が決まることが多い。

(1) 設計照査

設計の照査は、公共工事を請負う場合でも、実施するよう決められている重要な工程である。**照査のチェックポイント**には次のものがある。

①鉄筋の種類は何か。明示されているか。
②継手の位置、種類、曲げ半径など構造細目は明示されているか。
③加工図、配筋図に基づき、その加工・運搬はできるか、配筋は可能か。
④仮設工事との関連において支障はきたさないか。すなわち土留め支保工と鉄筋は交錯しないか、仮設開口や中間杭部分の補強は決まっているか、継手の数、位置・種類は良いか。

設計図には、鉄筋を線としてとらえ、太さの概念がないものも多い。このため、かぶりや有効高さ、鉄筋のあきなど重要な要素が実際の組立にあたって確保されないおそれがある。

そこで鉄筋の太さ、曲げ加工の形などを反映した組立図を事前に作成し、組立順序を考慮して加工・組立の適否を確認する。この過程で設計図どおりの配筋ができないことが判明し、対策を要した例も多い。また当該設計が準拠する標準類の名称と制定年・版番号も確認しておく。

これらすべての点が着手時に明らかになるわけではないが、いずれ直面する問題であり、工事の進捗に応じて解決を進めていく。

(2) 加工明細図 (表) および数量算出

設計図、配筋図をもとに加工明細図を作成する。鉄筋は、定尺と呼ばれる 3.5～12m のもの (異形棒鋼の標準長さ JIS G 3112) が 50cm 単位

の長さで工場から出荷される。このため加工明細図には加工すべき鉄筋をどの定尺のものから切断利用するかをあわせて示しておく。定尺の鉄筋からロスが少なくなるよう効率的に鉄筋を切り取る作業を「合取り」という。加工と合取りの方法を示した加工明細図（表）は施工ブロック毎に取りまとめ、鉄筋の種類を明記した上で定尺長さ別、径別にその使用本数を集計する。

　加工明細図（表）は鉄筋工が行う加工作業のよりどころとなり、鉄筋の数量・在庫を管理する基礎となるものである。

　この段階で、よりよい鉄筋工事とするためのコツとしては、

①「合取り」はコンクリートの打設ブロックが同じ範囲内で行う。さもないと半端な在庫を抱えてしまう。

②とにかく分けて拾う。搬入・組立に便利。特にコンクリートの打設ブロック毎に分けることは最低限行っておく必要がある。

③床版の鉄筋には、そこに立つ柱の鉄筋も含める。壁も同様である。

④鉄筋の定尺長さは種類をできるだけ少なくする。その方が管理が楽である。

⑤鉄筋の長さは7～8mのものを多くする。取り扱い時の負担が減る。

⑥鉄筋のロス率〔＝（購入量－設計量）／設計量〕は通常3％前後である。ただし細径の鉄筋には余裕を持たせる。

などがある。

　使用する鉄筋の数量が集計できれば、使用時期を明らかにしたうえで、速やかに発注作業に入る。

　情報は正確で早いほど有利な調達が可能となる。

3.09 測量・計測工事
ばらつくデータを読むコツ

　——先日、設備会社の人に「土木構造物の躯体は精度がcm単位なので楽で良いですね。私達は全部mm単位できていないと話にならないんですよ。」と言われたんですけど、コンクリートをcm単位で作るんだってけっこう大変ですよね。私の経験によると必要な精度は材質によって違っていて、だいたい次のようだと考えているんですが、間違っていますかね？

　　鉄・・・・・・mm単位
　　コンクリート・・cm単位
　　土・・・・・・10cm単位
　　川、海・・・・・m単位

● いや、だいたいそんなとこだろう。

　——もちろんミクロン単位で鉄が加工可能なように、mm単位でコンクリートを作ることも可能ですよね。ただ通常の土木工事において、それ以上の精度を求める必要があるんですかね。

● 必要な精度が違うのは、全体のスケールが異なるためとも考えられるが、橋などは鉄でもコンクリートでも作られるのだから必ずしもそうとも言えないということだろう。それより材料の「体積当たりの単価」を考えてみると、これもおもしろいんだよ。単価の高いものほど高い精度が求められるようなんだ。

　　鉄・・・・・・・40万円／m^3
　　コンクリート・・・1万円／m^3
　　土・・・・・・・4千円／m^3

● 材料単価は人手のかかわり具合の大小を表わしているし、人手がかかっているのはエネルギーを使っていることの証左でもある。鉄は他の二つの材料より「エネルギーを使っている分だけ精度を向上させないと材料の特性が生かさ

れていない」と考えていいんじゃないかな。もっとも一番の問題は「精度の向上が価値の向上につながるか」という点だろう。

　精度の向上は当然それに要する費用の増加を伴う。したがってそれに見合うだけの価値の向上を伴わないと自己満足にすぎないだろう。目的に合った精度向上を目指したいね。

　——そういえばこの前、「測定の精度が悪い」と言われたんですけれど、どうなんでしょう。限界値が3cm、管理値が1cmなんてときに1／100の0.1mmをうんぬんしても仕方がないと思うんですけど。

● そのくらいのオーダーだと測定値がばらつくだろう。

　——そうなんですよ。最近では山留めとかでもよく計測をしますよね。切梁の軸力や周辺建物の沈下なんかなんですが。でもあのデータって何かの傾向を示しているようにもみえるんだけども、ばらついてよく分からないときも多いですよね。あれって何とかなりませんかね。

● まあ、そうだな。測量をしたときだって同じようにやったはずなのに何回かやれば必ず少しずつ違うだろ。あれは、データを見る時にちょっとしたコツがあるんだよ。

　——え？　さすが先輩。なにかあると思っていましたよ。

● そうおだてるな。いいか、データを一定のルール（例えば時間の順）で並べたとき一定の傾向（例えば大きくなっていくとか、小さくなっていくとか）が見られた場合（＝**定誤差**と呼ばれる）にはこう考えられる。「これには何か原因がある。対策が判明すると取り除くことができる。」（**図表－9**）

　これに対して、何らかの原因が取り除かれ、まったくの偶然だけでデータがばらついている（＝**不定誤差**と呼ばれる）とすれば適当に散らばるはずだ。得られた数値をいくつかの範囲に分けて横軸とし、それぞれの範囲に入るデータの数を縦軸に積み上げてみて、それらのばらつき具合を見てみる。そこで、適当に散らばるこの状態がみられたら、どこかで聞いたことがあるだろう「**正規分布**」と呼ばれる状態だ。

　さて、データが適当に散らばり、すなわち「正規分布」と呼ばれる状態と考

図表-9　定誤差と不定誤差

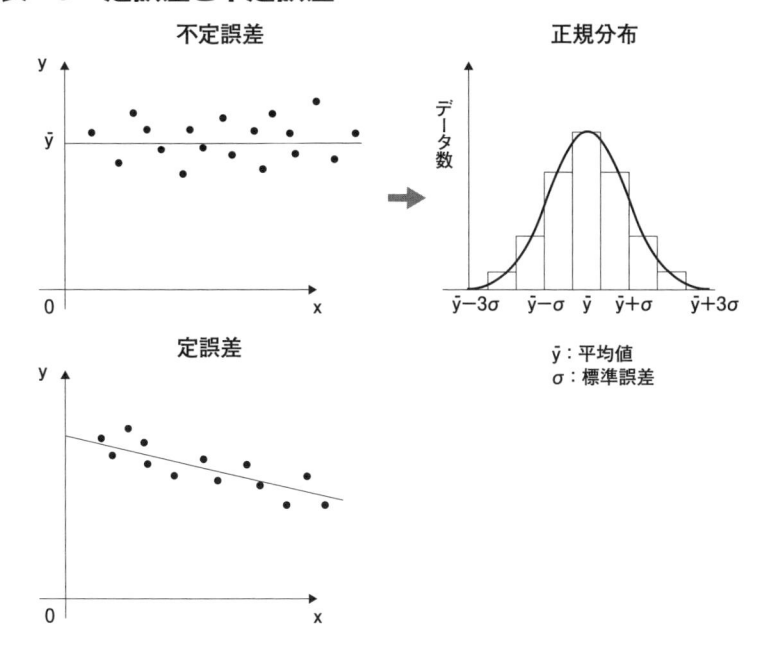

不定誤差

正規分布

ȳ：平均値
σ：標準誤差

定誤差

えられたとしてみよう。この時、統計学の教えるところは「偶然だけになると誤差は正規分布」し、そして「正規分布は最小二乗法で調整可能」であるということだ。つまり、適当にばらついているデータは、ほぼその真ん中あたりに線を引いても良いということになる。

しかしこのことは逆に言えば、「正規分布しない誤差の調整に最小二乗を用いるのは間違い」ということでもある。

また、注意しなければいけないのが、誤差のようでいて実はそうではないものがあるということだ。それは「一桁数字を読み間違う」、あるいは「書き間違う」といったものだ。これは誤差ではない。「過失」と呼ばれ、その特徴は違いが非常に大きいということだ。過失のデータはとり除かれなければならない。つまり、「間違いは誤差ではない」

——話はなんとなく分かったんですが、実際どのように適用するのかがいま

ひとつ…。

◉　それでは、私が有効活用している事例をひとつ紹介しよう。私のパチンコの戦績を整理したところ、毎週水曜日のデータが下位にあることを発見した。すなわち定誤差ではなく不定誤差を発見したわけだ。ここには作為があるので、この日にはやらないようにこころがけることで取り除くことに成功したわけだ。そして現在は正規分布であると勝った数と負けた数が同じであるはずが、負けた数が多い原因をさらに分析中である。

　――それって、単に下手なんじゃないんですか？

❖ 計測器のカタログを読む

　近年の土木工事では計測はつきものです。計測を他人に任せないで自分の頭で考えましょう。そのために次のポイントを伝授します。

　大概の計測器は測定値を電圧の変化として出力しています。図は、測定値とこの出力電圧の関係を示したものです。

- **測定範囲**：結果を保証する範囲
- **定格出力**：測定範囲で出力される電圧
- **非直線性**：測定値が上がっていったときの出力曲線と最も近い直線との差。定格出力に対する％で表示される。
- **ヒステリシス**：測定値が上がるときと下がるときでは、同じ測定値でも出力電圧（つまり得られる結果）が変わる。この差を定格出力に対する％で表示したもの。
- **分解能**：異なる出力の値となるための、測定値の最小の変化量。
- **精度**：総合的な正確さ。分解能とは違う。

　例えば、非直線性が定格出力の1％であったとしても、測定値が小さいと出力電圧の数％にもなってしまう。測定器の測定範囲は大きければ良いのではなく、想定される測定値に合わないといけない。

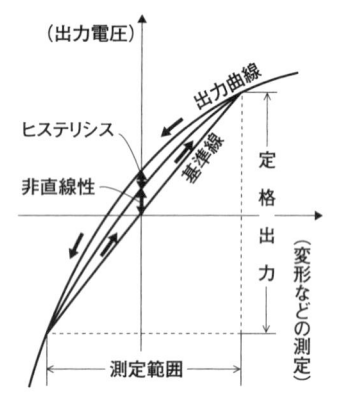

3.10 資材管理：大きさ、重さ
合理化は人間のサイズから

——いやー、現場ってちょっと油断するとあっという間に資材が散らかっちゃいますよね。毎日片付けろとうるさく言っているんですけどね。何せ工事で使う資材ときたら、形や大きさがまちまちで、重さも人力で持てるものやそうでないものまであって、確かに収拾がつかないんですよ。

◉ そうだろうな。仮設資材の形や大きさ・重さ、あるいは材料の荷姿といったものは生産性に大きな影響を与えるばかりでなく、作業の安全性にもつながるはずなんだ。だから現場でももっと関心が払われても良いはずなんだけどね。

——そこで、早速なんですけど、現場で標準的に使用されている資材の大き

図表-10　資材の標準的な大きさ・重さ

資材名	常用されるサイズ			おおよその重さ	
	厚さ・太さ	幅	長さ		
型枠合板	12mm	0.9m	1.8m	10kg	軽い ↑
足場板	25mm	24cm	4m	アルミ 10kg	
				合板 20kg	
単管	φ48.6mm	—	4m以下	11kg (4m)	
鉄筋 D16	φ16mm	—	8m	12.5kg	
メタルフォーム	55mm	0.3m	1.5m	15kg	
クランプ	—	—	—	21kg (30ケ)	
袋セメント	—	—	—	25kg	↓ 重い
鉄筋 D32	φ32mm	—	8m	50kg	
L型ブロック	—	0.45m	0.6m	59kg	
境界ブロック	0.25m	0.20m	0.6m	69kg	

さや重さをまとめてみたんですよ。

● で、何か分かったのか？

――そうですね、一人で持てる資材の長さは4m以下、重さは25 kg程度ってところですかね。鉄筋は二人で持つことが前提なのか長さ・重さとも倍のそれぞれ8mと50 kg位まで使われています。持ち上げないといけない単管や型枠材になると10 kgくらいなんですね。それに対してコンクリート製品になると70 kg近くと重くなるようですね。

● 袋セメントの重量がだんだん少なくなっているのは「最近の人間は持つ力と要領が悪くなっているから」とか言われているよな。

――でも私は何も苦労することはないと思いますよ。楽な方がいいに決まっているし、それに作業効率が上がって、安全性も高まるのならいいじゃないですか。

● いずれにせよ、基本は人間のサイズにあることは間違いないな。人間一人が手を挙げたとすると高さは2mだ。けれども何かの作業をするとしたらせいぜい高さは1.6m位だろう。これに対して、幅は両手を横に広げた長さがほぼ身長と同じといわれているので、これは1.6m位だろう。

人間のサイズをもとにしているという点では、日本の古い単位である尺と英米のフィートとかが共にそうで、これらがほとんど同じ値なのは有名なところだろう。

・1フィート ≒ 1.006 尺 ≒ 0.305cm
・3フィート ≒ 1ヤード ≒ 0.503 間 ≒ 0.914m
・3フィート×6フィート ≒ 0.914m × 1.828m

型枠合板にしろ、メタルフォームにしろ寸法は長さ1.5～1.8m位が標準サイズで人間があまり動かないで届く範囲が単位になっていると言えるな。

――最近では、現場の省力化のためにあらかじめできるだけ工場で作っておいて、現場では組み立てだけにしようとしますよね。鉄製品にしろコンクリート二次製品にしても、こういったいわゆるプレファブリック化をするときには、この辺の寸法や重さの値は参考になりそうですね。

そう言えば人間を上から見て「肩幅0.6m、厚みが0.45m」という寸法が設

計に用いられると聞きましたよ。そうすると通路の幅は人ひとりが通るとして 0.6m、二人がすれ違うとして 1.2m は欲しいところですね。

● まあ、そういうことだな。一般の歩行者がぶつからないで通るためには一人分として 0.75m、両方向から来るとして二人分で 1.5m とされているな。

―― 高さはどうですか。

● 手すりの高さは 0.85m 以上（労働安全衛生規則－第 563 条 1 項、平成 21 年改正）、移動柵では 0.8m 以上（建設工事公衆災害防止対策要綱）（**図表－12**）、といわれるが身長の約半分というところだろう。フェンス関係では「中が見えない＝ 1.8m、乗り越えられない＝ 2.0m、外へ物が出ない防護＝ 3.0m」

図表－11　資材の寸法

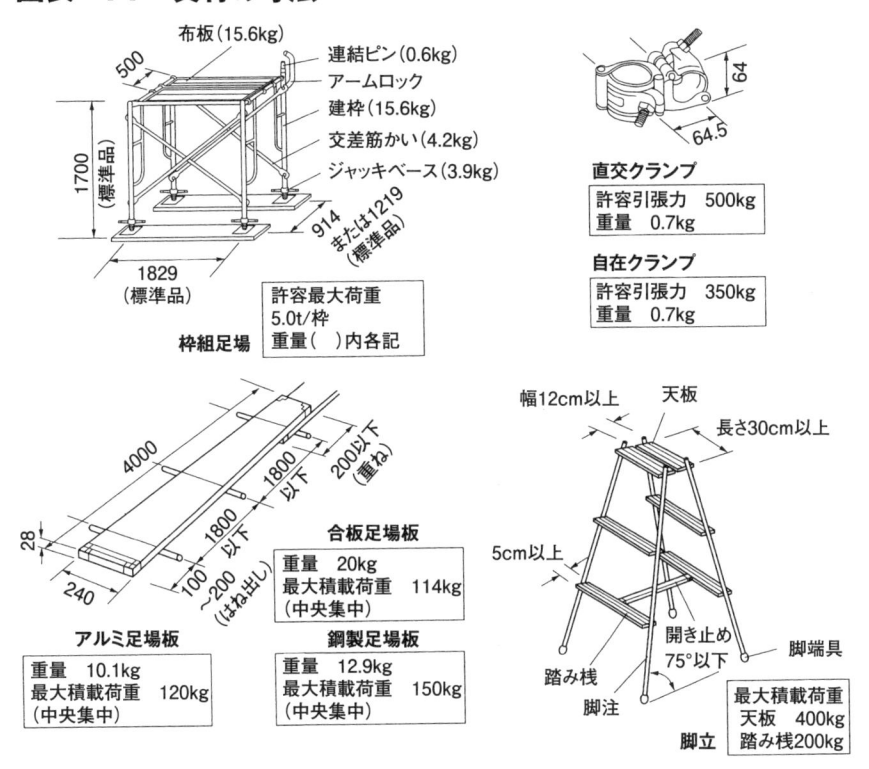

図表-12 「建設工事公衆災害防止対策要綱」の主な内容

区分	対象	項目	規程	摘要
作業場	固定柵	高さ	1.2m 以上	
	移動柵	高さ	0.8m 以上 1m 以下	
交通対策	保安灯	設置間隔	2m 程度	交通流に対面する
			4m 以下	道路に面する
	路面段差	勾配	5%以下	
	車道幅員	1 車線	3m 以上	
		2 車線	5.5m 以上	

と考えると良いんじゃないか。

──資機材の利用って結構むずかしいですよね。結局のところK(経験)K(勘)D(度胸)なんですかね、やっぱり。

◉ おまえなぁ。今時「経験・勘・度胸」だなんて、死語だぞ。それでだな「新KKD」を考案したんだ。

──ほぉー。興味がありますね。最初の「K」は何ですか？

◉ 最初の「K」は「好奇心」だな。何事にも興味をもって、新しいことに挑戦する。

──なるほど。それで次の「K」と「D」は？

それは・・・、「勘」と「度胸」だろう。

◉ ──それじゃ、ほとんど同じじゃないですか！

TOPICS3
仮設工事のコツ

仮設工事はどこに目をつければよいか

　鉄筋コンクリート工事は大別すると型枠工事、鉄筋工事、コンクリート工事から構成され、それらの費用はほぼ１／３ずつといわれている。さらに各工事費の内訳を見ると型枠工事では労務費の割合が多く、約６割を占めるといわれている。このことは型枠工事には改善の余地があり、その選定によりコストに大きな影響があることを意味している。

型枠・型枠支保工はどうやって選べばよいか

　一般にものの「価値」については次のように理解されている。

　　　　　　　　「価値」＝「機能」／「コスト」

　すなわち機能が高く、コストが低いものが「価値」が高いことを意味する。
　このことはコスト・パフォーマンスが高いとも表現され、型枠の選定もこの「価値」の高いものを選ぶことに他ならない。
　型枠の機能については次のようなものが必要とされている。

①構造物の位置、形状・寸法が確保される。
②所要の性能を有するコンクリートが得られる。
③コンクリート表面の仕上がり度が要求を満たす。

　型枠の選定にあたっては、ただ「機能が高ければよい」というものではなく、必要とする機能の程度を、構造物としての必要性と顧客の要求度合いとを勘案して定める。
　一方、型枠支保工に必要な機能として「荷重を確実に支持基盤まで伝達すること」「支保工自体の変形が少ないこと」が挙げられる。
　一般に良質な仮設資材とは次のようなものであるといえる。

①材料の種類が少ない。すなわち汎用性が高い。

②軽量であるが、丈夫。
③ハンドリングの良さ。すなわち運搬しやすい、組立・解体がしやすい。

　選定の手順としては、現場の施工条件の下で型枠支保工としての機能を発揮できるものをいくつか取り上げ、工期と安全性のチェックの後、上記のような「良質な仮設資材」を選定する。

　機材単体の損料が全体のコストであるはずはなく、型枠支保工の場合、安全性を含めて良質の仮設材を使用することが結果として経済的となることが多い。

足場工はどのようにすすめればよいか

　鉄筋・型枠・コンクリート工事のための足場は積算基準からは非常に計上され難い。鉄筋の組立や型枠の組立・解体が型枠支保工兼用で常に施工できることになっていたり、土留め壁があるからというだけで壁面に足場が不要とされていたりする。

　鉄筋組立のための足場には「そのために安全で、作業のしやすい高さや位置・形状」がある。同様に型枠工やコンクリート工でも、それぞれ異なった足場・昇降設備が必要となる。このため足場・昇降設備の選定・計画にあたっての必要な要件として、次のものなどが挙げられる。

①組み替え、盛り替えが容易な資材を利用する。
②工事全体にわたる計画性、先見性を持つ。
③必要な足場・設備を省略しない。
④創意・工夫を凝らし、有効で安全・経済的な足場・設備を検討する。

　これらの要件は、換言すれば経験やノウハウあるいは工事に関わる組織・個人の能力が発揮されることでもあり、くれぐれも経済性と計画性の欠如から不適当な足場で工事をすることがあってはならない。

3.11 資材管理：数
ものの数え方と残数管理

――先日、現場に余計な資材を搬入したくなくて、現時点で余っている在庫を調べようとしたんですけど、ゴチャゴチャしていてさっぱり分からなかったんですよ。

● それで、どうしたんだ。

――資材が足りないと困りますので…。結局のところ、在庫とは別に新しく必要な数量の全部を搬入しましたけど…。

● 志ならずというところか。

――はい、残念ながら…。鉄筋なら数取り機という方法もあるんですけれど、型枠支保工や足場関係の資機材は種類が多くてどうしようもないんですよ。受け払い簿をつけても実際に使う資材が少しずつ違ってくるからか、余っているはずの資材がなかったりすることも多いんですよ。

● 受け払い簿をどんなに確実につけたつもりでも、だんだんと合わなくなってくるものなんだよ。だから、商品を扱っている会社でも定期的に「棚卸し」をやって、数量を確認するんだろうな。これはおそらく出し入れの回数が重なっていくとともに誤差が蓄積するからだろうね。

生コン車1台余りました…

――そういえば、コンクリートの打設数量でもそうですね。型枠の寸法をあらかじめ測ってコンクリートの体積を正確に求めたつもりでも、そのままだと「生コン車1台余りました。」なんてことになりますよね。これだって、途中段階で「まだ打設が終わっていない部分の体積を計って残数を求める」ことを何度か行ってはじめてぴったり合いますよね。

● そういうことだ。だからはじめのうちは受け払い簿で行っていた数量の管理も、途中で残数の管理に切り替えないと整合しないということなんだ。ここでは直接関係はないけれども、工事予算における今後支出予定金額の管理もこれと同じことなんだ。

――そうなると、ますます残数を把握する方法が重要ですね。何か方法はないもんですかね。

● いくつか案はあるな。例えば次のようなものが考えられる。

> ①組み上がっている資材は比較的数えやすい。そこで組み上がっている資材のみを数え、帳簿上の搬入数量から差し引いて余剰の在庫数を求める。
> ②あくまで残数（余剰の在庫）を数える。

しかし何かの工夫が必要で、それには、

> A　数えた資材にマークをつける。
> B　資材の写真を撮り、写真プリントにして数える。
> C　秀吉の検地方式

などのものが考えられる。

――最後の**「秀吉の検地方式」**って何なんですか？

● それはだな、むかしむかし、山に植わっている木の数を数えようとした秀吉公がね…。

――木に縄をくくりつけ、全部の木につけ終わったところで縄を回収してその数を数えた。

● よくできました。

具体的には荷札を用意する。そうして現場に行って資材を見ながら荷札に番号と種類と数を書いて、その資材につける。荷札をつけるときに種類と数を書いた部分を半券として切り取り回収する。

――そうして、回収した半券の数字を集計する。

● はい、とってもよくできました。

TOPICS4

資材注文の三つの原則

　資機材を購入する責任者が誰であろうと、必要な資機材の種類や数量、納期を把握しオーダー（注文）できるのは「工事をすすめる第一線の担当者」以外にはありえない。

①先手必勝の原則
■「少しでも早く注文する」
　工事内容に自信が持てないためか、資機材の注文をぎりぎりまで行わない人がいる。前日、当日、今すぐなどというケースも多くないだろうか。
　"必要な数量をあらかじめ注文しておき、実際の納入では期日と数量を指定する。"
　これが原則である。
　ただし資機材がないと作業が止まるので、例外として緊急時には今すぐにでも納入してもらう必要がある。

■「必要な全量を把握するが、最初に全数を納入させない」
　初めてのものは自分の想定と違うものが多い。不具合があったとき交換できる量とする。使い勝手を確かめてから、続きを納入してもらう。ただし、有利な調達を行うために必要な全数量は把握し、伝えておく。

　"注文は早ければ早いほど、量は多ければ多いほど有利な調達ができる。"
　これは基本原理である。

②在庫先出しの原則
「注文量＝必要量－在庫量」
　注文量は在庫量を調べてから、これを差し引いて算定する。"在庫は持ち

出すのには手間がかかる。"といってその利用を敬遠する傾向がある。しかし、できてしまった在庫を取り出す手間はいつかはかけねばならない。在庫を捨て置くことは解決の先送りに過ぎない。どんどん増えてさらに多くの手間がかかる。

「注文量は必要量から在庫量を差し引いて求める。ただし、あくまで常日頃から在庫は最小に留めておく」ことが原則である。

③ジャスト・イン・タイムの原則

ジャスト・イン・タイムを簡単に説明しようとすると、「必要なものを、必要なとき、必要なだけ、必要な所に供給する」ということになるだろうか。

足らないと困るから多めに注文するという人が多い。実は何回も注文するのは面倒だからにすぎないのではないか。はなはだしいものには、次の注文を忘れたりしては困るから、覚えているうちにまとめて注文するなどというのもある。

現実には「少し余る程度」に注文しておくことが良いようだ。「少し余る程度」とは余った分を捨てても惜しくない程度を意味する。

必要でないものが、必要でないときに、しかも必要でない量まで搬入されたとしよう。

いったいどこに置いておくのか。この場合一旦どこかに「運搬し」、「貯蔵する」作業が発生する。そのための「場所」も必要になる。二重の意味で無駄である。

また、いざ使いたいとなったとき、ものを「探し回る」という無駄も生じる。さらに「再び使用箇所まで運ぶ」という無駄も呼ぶ。無駄のオン・パレードで、これらの無駄の合計は予想以上に大きい。

3.12 資材および生産管理
エントロピー保存の法則で現場が変わる！

　さて、ここでは資材管理はもちろんのこと、広く現場における生産方法を考えるために有効な考え方として「エントロピー保存の法則」というものを紹介したいと思います。

　某先輩から伝授されたこの考え方は、エントロピーという概念に多少とらえどころがない部分があるために最初はとまどうかもしれませんが、わかってしまうと大変に便利なものです。

エントロピーとはなにか…
物事のでたらめさ～多様性

　まず、エントロピーとは何かということですが、これは一般に「物事のでたらめさ」と解釈されています。良いほうに考えれば「多様性」ともいえます。

　例えていえば、多種類の資機材が乱雑に散らばっている状態を「エントロピーが大きい」と考えます。逆に少ない種類の材料が整然と積まれている状態は「エントロピーが小さい」と考えます。

「エントロピー保存の法則」～エントロピーと
エネルギーの合計は常に一定

　次に「エントロピー保存の法則」ですが、その説明の前にこれとよく似たもので皆さんよくご存じの「エネルギー保存の法則」について、確認しておきたいと思います。

　これはよく「ジェットコースター」に例えて説明されます。まず、ジェットコースターは経路の一番高いところに引き上げられます。コースターには動力

がないので、この後は外部からエネルギーが供給されず、持っていたエネルギーだけで動き続けることになります。

　最初に一番高いところにいたときは位置エネルギーが最大と考えます。ここでは速度はとても小さいので運動エネルギーはほとんどゼロです。このあとコースターは急降下して一番下がったところで最大の速度に達するので、この時点で運動エネルギーは最大と考えます。

　このとき「失った位置エネルギーは得られた運動エネルギーに等しい」、あるいは「この最上点と最下点でそれぞれ位置エネルギーと運動エネルギーの合計は同じである」と考えます。この考え方が「エネルギー保存の法則」と呼ばれるものです。

　さて、「エントロピー保存の法則」は、このエントロピーとエネルギーは本質的に同じ物で「エントロピーとエネルギーの合計は常に一定である」というものです（**図表ー13**）。エントロピーとエネルギーをすぐには同じものと考えにくいのですが、この考え方はもともとは物質の持つ温度を考えるところ（熱力学）からきています。そこでは、小さな粒が乱雑に動いて互いにぶつかると温度が高くなる、すなわちエネルギーに変わると考えるようです。

　ここは化学の教室ではないので、「エントロピー保存の法則」を現場の状態で考えてみましょう。

図表ー13　エントロピー保存の法則

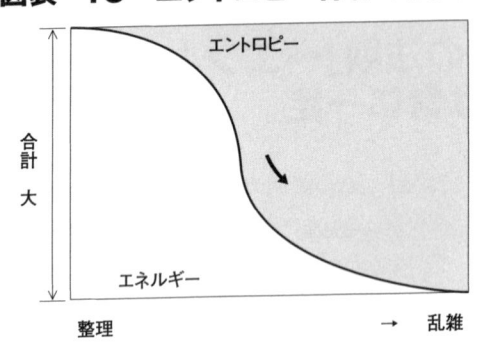

① 種類・数が多い場合

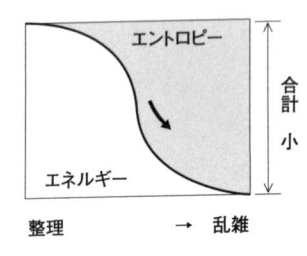

② 種類・数が少ない場合

まず、現場で多様な資材が散乱している状態は「エントロピーが大きい」ということになります。これを、資材が整理されて「エントロピーが小さい状態」にしようと思えば、大きなエネルギーが必要ということになります。

逆にいえば「よく整理された資材」は、大きなエネルギーを持っているとも考えられます。

また、資材の数、種類が少ないほうがエントロピーとエネルギーの合計が小さくなります。したがって、散乱しても整理するためのエネルギーは小さくて済むので資材の数、種類を少なくしておくほうが現場の作業効率は上がることになります

さらに、部材を加工した後では、加工する前よりはるかにエントロピーは小さくなっているので、現場では加工した材料を使用し、余計なエントロピーを持ち込まない方が、その後のエネルギーを節約することにもつながります。

ほっておくと資材が散乱、種類も数も増加…

次に、ここでさらに興味のある現象があります。

それは「エネルギーは常に小さくなろうとする（**図表－13**の矢印方向に向かう）」という性質です。逆にいえば「エントロピーは常に大きくなろうとする」ということになります。

このことは「ほっておくと資材が散乱していく」こと、あるいは「気がついたら種類も数も増えている」という経験と一致します。つまり、「片付いた状態を維持してエントロピーを小さく保つためにはエネルギーがいる」ということなのでしょう。

考えてみれば、原始の地球は混沌・カオスである（＝エントロピーが最も大きい状態）ということですから、原始に戻っていくのかもしれません。

ところで、このエントロピーという考え方は「情報処理」の分野でも使われています。ここでは「規則性はエントロピーを低下させ、その規則性は情報交換で共有される」ということが知られています。

例えば、現場にてんでバラバラな人間（＝エントロピーが大きい）がたくさんいるとします。これを意思統一し何かに向かわせる（＝エントロピーを小さくする）ためには、情報交換が必要だというのです。現場の資材を整理しておくためのエネルギーを節約するのは「情報」だというのです。どこに何を置くか、どれをどこに使うのかといった情報を交換することは、整理に費やすエネルギーを節約することになります。

さらに「エントロピーの小さなものはちょっとしたきっかけで崩壊しやすい」ことも、その性質として確認されています。現代社会でもっともエントロピーが小さいものの例として原子力発電や宇宙ロケット、コンピュータシステムを挙げることができます。あるいは大規模な建設工事も含まれるかもしれません。これらには多くのエネルギーが費やされ、非常に多くの部品が高度に組み合わされています。これはエントロピーが大変小さいことであり、ですからちょっとしたきっかけで崩壊しやすいのです。

したがって、その安定性や安全性を増すためにはエントロピーを大きくしておく、すなわち多様性を持たせておくことが必要であると考えられます。つまり、高度なシステムや工事では普段はあまり役に立たないような設備や人間が存在するほうが、エントロピーが増加し、安定性が高まるということなのです。

そういえば、近年解明がすすめられた人間の遺伝子情報には役割がなく、いったい何のためにあるのか分からないような情報が相当数含まれているそうです。これは人間という高度に進化した、すなわちエントロピーの小さくなってしまった生物が何かのときのためにエントロピーを少しでも大きくし、安定性を取り戻そうとする戦略なのかもしれません。

──先輩、最後に何か言っておきますか。

● えぇー、「エントロピー」の考え方に興味をお持ちになった方に次の書物をお薦めしたい。難解な数式も出てくるが、物性物理学・統計力学から地球環境論に至る内容で、著者の高度な専門性と広範な思索が感じられ、大いに感心してしまうものである。──**『エントロピーとは何か「でたらめ」の効用』**（堀淳一著、講談社ブルーバックス）

3.13 写真管理とIT
デジタル化しても手間は減らない？

　——もはや工事写真をデジタル化し、ITを利用するなんて当然ですよね。パソコンを使うことででき上がりはスマートで、作業は効率的！

● 　おまえはどうしてそう、パソコンの肩を持つんだ。そんなにうまくいくわけがないだろう。

　——先輩こそ、どうしてパソコンというと疑わしそうになるんですか。じゃぁ、今後もデジタル化は必要ないとでも言うつもりですか。

● 　そんなことは言っていない。タイプライターがワープロになり、図面だって手書きからCADになっていくなかで、ネガの工事写真だけが残るわけはないだろう。電子納品の流れからいっても「写真管理はデジタルで」が当然だろう。

　——じゃぁ、何が問題なんですか。

● 　では、聞きたいんだが、おまえはデジタル化に何を期待するんだ？

　——私としてはまず写真整理にかける手間を少なくしたいですね。あれには相当な時間を費やしていますから、人件費の節約になりますよ。

● 　本当に人件費が減ると思うのかい？　だいたい、ネガ写真だって写真屋さんからネガやプリントが返ってきても山になっているじゃないか。そうして、検査前に慌てて全員総出で整理する。だいたい普段から整理ができるかどうかは人間性の問題じゃないのか。

　——それを言われると頭が痛いですけど、最近では便利なソフトができていて誰でも…。

● 　だいたい、便利になって手間が少なくなったとして余った時間を何に使う。たいていは「新たな作業」を増やして、余ったはずの時間を食いつぶすのさ。

　——「新たな作業」ってどういうことですか。

● 　いいか、手書きやタイプがワープロになって書類を作成している時間が減ったか。

CHAPTER3 失敗しない施工管理

手書き図面がCADになって図面作成時間が減ったか。
　確かに一枚当たりの作業時間は減ったのかもしれない。だがその分だけ書類や図面の枚数が増えて、結局のところ費やしている時間はあまり変わっていないんじゃないか。
　——そういえば、そうかも…
● 写真管理にしたって、写真一枚ずつにたくさんの情報が書き込めるとなるといろんなことがしたくなるのさ。
　——でも、それは品質や管理の向上ということで意義があるんじゃないですか。
　そのとおり、やっと肝心なところにきた。ではおまえならデジタル化で意義のあるどんなことをしたい。

デジタル化でなにがしたいですか？

　——少なくとも検査写真のアルバム作成はするとして、それから…。
● それは、おまえがそういう立場だからだ。それぞれ役割によって「したいこと」は違うだろう。発注方では監督や検査の合理化に役立てたいだろうし、あるいは工事打合せに使いたい施工担当者もいれば、部門によっては安全管理に使おうという人もいるだろう。
　でも、これらはそれぞれが自分のこれまでの役割を合理化しようという意味では同じさ。実はIT化の本質は別のところにあり、そのことに気づいたところが一番大きな成果を手にするだろうな。
　——いったい、何が言いたいんですか？
● IT化の本質に気づいていないということさ。では聞くが、情報がIT化されることによって得られる最も大きなメリットは何だ。
　——それは、データの保存、コピーや閲覧が容易になるといういわゆる「情報の共有化」じゃないですか。
● 良くわかっているじゃないか。百聞は一見に如かずというとおり、写真は文字に比べればはるかに内容の濃い情報といえる。だから、自分たちの組織が

◆IT を読みとく用語解説（その1）

　IT化が進められるにつれて多くの解説に接するが、なんといっても言葉の意味がよく分からない。これはまずい。そこでよく出てくる用語をまとめてみた。

　　　　　＊　　　　　　＊　　　　　　＊
- 建設 CALS／EC……公共事業支援統合情報システム。電子化した情報を入札から設計、施工、維持管理まで一元的に管理しようというもの。
- 電子納品……設計業務あるいは工事の成果品を電子媒体で納品する。
- 管理ファイル……電子納品の際、業務の名称や納品するファイルを作成したソフトなどの情報を記録したファイル。XML方式とする。
- ブラウザ……インターネットの情報を見るためのソフト。
- ブロードバンド……電話回線よりも高速で通信できる技術。
- プロトコル……電子データを通信で交換する際の約束事。
- ポータルサイト……一番先につなぐホームページ
- ベクトルデータ、ラスターデータ……CAD図面で線分を座標で示すものがベクトルデータ、点の集合で線分に見せるものがラスターデータ
- レイヤー……画層。CAD図面上で円・線などの部品を分類する。
- イントラネット……IT技術を利用した社内限定のネットワーク
- エクストラネット……別の会社間で構築するネットワーク
- サーバ……ネットワーク上でサービスを提供するコンピュータ。例えば電子メールの集配機能を持つものがメールサーバ

本当に必要としている技術や情報を写真で記録でき、それらが共有できればその組織のポテンシャルは飛躍的に高まるわけだ。

　——つまり、写真の整理だけに使うのでは、何もしたことにならないと…。

◉　そう。ただし「写真記録をはじめ、自分たちの組織が持つ技術や情報をどう蓄積し、利用するか」という点についてはまさにノウハウそのものなので、それぞれが考えるしかないものだろうな。

3.14 写真管理と現場
写真から見えてしまう現場管理の実態

——ここでは写真管理作業の実際的な方法について考えてみたいんです。それが私の当面の課題ですからね。従来のネガ写真からデジタル写真になると写真管理はどう変わるんでしょうか。

◉ 一番大きな違いは「ネガ」がなくなることだろう。

——そんな！　当たり前のことを言わないでくださいよ。

◉ いや、ネガがなくなることの意味は大きいぞ。ネガがなくなるためには次のような課題が解決されていないといけないはずなんだ。

1) 写真が改ざんされていないことをどう証明するか。
2) 確実な(非揮発性の)バックアップをどう作るか。
3) ズームアップなどの加工を施した写真の原本をどう保存するか。

　おまえは、最新の機器やコンピュータに詳しいだろう。こういった課題を解決できそうか？

——これまでと同じように普通のカメラで撮影し、ネガをデジタル化してCDにする方法(写真屋さんでやっているフォトCDサービス)が生き残るかもしれないと思うんですよ。ネガがあると発注先も安心できるでしょうしね。それにCDはバックアップになります。

　写真整理ソフトでは「一時ストック場所」なんてのもありますけど、あれはカメラについている記憶媒体の容量が小さくて高価？だからでもあるんですよ。だからこまめに保存しないといけない。安価な(書き換えられない)メモリーカードのようなものが使えるようになればネガの代わりになって、先輩の言う課題をクリアできるかもしれませんね。そうすると、ネガをわざわざCD化しなくて済みますしね。

　データの形式やソフトについてはどんどん変わっていくでしょうし、事実上、標準的に普及する(いわゆるディファクトスタンダードな)形式やソフトに集

約されるかもしれませんしね。そういった点では標準化と新技術開発の追いかけっこでしょうね。
◉　それより、写真整理の手間を減らすのはソフトじゃない、工事の管理そのものにあることに気がつかないか？
　——どういうことでしょう？

「通りすがりの写真」ばかり撮るな

◉　つまり、発注先へ提出する工事の記録写真は「工事が手抜かりなく正しい手順で進められた事実」を証明するための証拠写真だということだ。
　——例えていえば旅行や卒業式の「集合写真」、あるいは履歴書やパスポートなんかの「証明写真」のようなものですか？
◉　そうだな。だからちゃんと準備して撮影しなくちゃいけない。あらかじめ「いつ」「どこで」「何の写真を」「どのように」撮ったら良いかが分かっていなければならない。工事内容に対応した各工種の「始まり」と「終わり」を証拠写真として残すのだから、工事の正しい手順を定め、現場の状況を良く把握して、計画的に撮影しないと撮り損ねるだろう。
　——よく、「通りすがりの写真」ばかり撮るなって言ってますよね。
◉　ただ作業状況を撮影するだけでは施工途中の写真ばかりになってしまう。これを「通りすがりの写真」という。いわば「スナップ写真」だな。現場はいつも動いている。だから本当に必要な写真が撮れる場所と時間は限られている。まさにピンポイントだね。
　——つまり写真撮影は工事管理と一体ということですか。
◉　そう。工事が管理されていることが第一で、そういう現場では計画的に写真を撮影することができて、撮った写真の「整理」も楽だということだ。
　とりあえず撮ってきた写真を「すばらしい写真整理用ソフト」でどんなに手早く並べてみても、写真整理がうまく、早くできるわけはないだろう。
　——ごもっともです。

ITを読みとく用語解説（その2）

その2は英語編としましょう。
え？　よく分からない…。100%理解するのはあきらめましょう。
　　　　　　＊　　　　　　　＊　　　　　　　＊

- **EC**……電子商取引。インターネットを利用して物を売買すること。
- **ADSL**……既存の電話回線を使ってISDN以上の高速で通信する技術。
- **ASP（Application Service Provider）**……自分のパソコンにソフトを持たずに外部のサーバーを利用させるインターネットサービスの方式。
- **DWG**……AutoCADが採用しているCADデータの記録形式。
- **DXF**……オートデスク社が提唱するCADデータ交換のための形式。
- **SXF**……ISOに準拠したCADデータ交換のための形式。
- **HTML（Hyper Text Markup Language）**……インターネットのホームページ作成に使うコンピュータ言語。
- **IDC（Internet Data Center）**……自前でサーバを用意しないときなどに利用するサーバなどの設備を集約した施設。
- **JPEG（Joint Photographic Experts Group）**……画像データの記録形式。
- **PDF（Portable Digital Format）**……無料で使えるソフト「Acrobat Reader」で閲覧可能なデータ形式。
- **XML（Extensible Markup Language）**……ISOに定められた電子文書の交換規格SMGLの簡易版
- **CD-R（CD-Recordable）**……書き込み可能なCD。容量650MB
- **CD-RW（CD-ReWritable）**……繰り返し記録・消去できる、容量650MBのCD
- **GIS（Geographic Information System）**……電子化した地図上に情報をリンクさせたデータベース。

CHAPTER ④
利益の出る工程管理

　さて、ここでは「工程をどのように管理すれば良いか」についてじっくりと考えてみたいと思います。
　なぜなら「工程管理こそが現場の利益を生み出す源泉だ」と考えるからです。
　「なんてすごいことを言ってしまったんだ」と思っていたら、やはり先輩が何か言っています。
● おまえはそうは思うかもしれないが、皆がこう言っているのを聞いたことがないのか？
　「そもそも、今まで工程表のとおりに、仕事ができたためしがありません。」
　「工程は常に最短をめざすのじゃないんですか？　だからいつも追われている。」
　「工程表を書くのは簡単です。だいたい制約条件が多くて、それでやるしかない工程表が勝手にできてしまいます。」
　――確かにそういう場合も多いでしょうが、だからこそ、ここでは工程表のあり方を見直したいのです。
　もちろん「正しい工程表の書き方」や「ネットワーク手法のお勉強」をするというのではありません。目的は他にあるのです。
　つまり、現場で実際に起こること、あるいは起こりそうなことを工程表によってコントロールしようというわけなのです。

4.01 何のために工程表を作るのか
棒式工定表で周知する

ところで、皆さんはどういうときに工程表を書いておられるでしょうか。そして、その工程表はどういう形式になっているでしょうか。

——あ！また、先輩が何か言いたいそうです。

● それでは、私が工程表を作るための秘訣をさずけよう。

まず、工程表は施主さんなり管理部門に要求されて作る。このときは少し余裕をもった工程にしておく。それに、工程表に示す工種はあいまいにするのがコツだな。そうでないと、少し遅れただけで、「どうしてこの工種は遅れたんだ」「原因は何だ。対策は打ったのか」などと、うるさくて仕方ない。

次に、施工会社の社員や職長さんに説明するために工程表を作る場合もあるな。このときは工程を少し早めにしておく。だいたい、人間は余裕があると思うと手を抜くからな。急がせておいて、少し遅れでついてくるくらいがちょうどいいんだ。

工程表の形式？　それはもうバーチャートいわゆる棒式工程表に優るものはないよ。だいたい工程表をみる関係者には納品業者さんもいれば大工さんに鉄筋工もいる。だからどんなにすばらしい工程表でも形式が難しくて読み方がわからないんでは意味がないだろう。

——確かに、そうです。工程表の目的の一つに、

> 「関係者が工程計画を知ること」＝（周知）……①

があります。

最近よく使われる言葉でいえば、「情報の共有」とでもいえるでしょうか。
もちろん、そのためには「バーチャート」、いわゆる棒式工程表がふさわし

いと考えられます。

ところで、その棒式工程表の横目盛り（列方向）は時間の経過でしょうが、縦（行方向）はどういう区分になっているでしょう？

一般には縦（行）方向には「掘削工」「型枠工」といった工種が並んでいることが多いようです。

図表－1　棒式工程表（バーチャート）

工程	単位	数量	年月 4	5	6	7	8	9
支障物処理工	m	120	1・2ブロック 3m/日	休 3・4ブロック 3m/日			休	
土留め杭打工	m	120			1・2ブロック 2m/日	3・4ブロック 2m/日		
掘削工	㎡	5,500			2ブロック 1,500㎡ 60㎡/日	1ブロック 1,000㎡ 60㎡/日	3ブロック 1,500㎡ 60㎡/日	4ブロック
土留め支保工	t	720				2ブロック 6t/日	1ブロック 6t/日	3ブロック 6t/日

しかしこの形式では「いつ、どういう工種の仕事をするか」は分かっても、「どこの箇所なのか」が分かりません。つまり、場所の情報が抜けているのです。このため、苦し紛れに棒線の上に「1ブロック」などと書いたりします。

したがって、**棒式工程表は①「周知」という工程表の一つの目的には適合しますが、場所の情報が反映されないという欠点を持っている**ことがわかります。

4.02 工程表は時間と場所のシミュレーション
座標式工程表で検討する

　いまさら言うまでもありませんが、現場の状況は時々刻々変わっていきます。そこで、今後どのように現場が変わっていき、どういう問題が予想されるかが分かれば、事前に対策を立てることができます。工事現場では「先を読むこと」が不可欠なのです。人間に予知能力があれば良いのですが…

　――仕方がないので、普通の人は「ああなってこうなって」と一生懸命に考えて工程表を作ります。

　すなわち工程表の第二の目的として、

> 「工事状況の変化をシミュレートする」＝「検討」……②

があるということです。

● テレビや映画からの発想で申しわけないんだが、いわゆる「いくさ（戦争）」の戦略を考えているとき、現地の模型や地図を使って作戦を練っているだろう。あれなんか役に立つんじゃないか。だから、まず図面上で工程を練るんだよ。だいたい将棋や囲碁だって、戦闘の配置モデルからきているんだろ？

　――いずれにせよ戦略を練るためには、その「場所」を「時間」とともに表示できると便利なわけです。このための工程表として「座標式工程表」があります。これは横軸を場所、縦軸を時間とし、連続して行う作業を「線」で、ブロック単位で行う作業を「函型」で示していきます。

　次の例題を参考にしてください。これによると、それぞれの作業の位置関係が明らかになり、次のような検討が容易になります。

・どこから、どの順番に行うのがよいか。→　**移動・転用の動線を検討する。**
・同じ場所で行うことになっている作業はないか。あったとしたら並行作業が可能か。→　**作業の交錯を検討する。**

- あるブロックで作業を行っているとき、空いているブロックはどこか。
  → 資材・機械の仮置き・配置・進入経路を検討する。

　このように座標式工程表は非常に便利なものなので、鉄道工事のような線的に広がる工事では古くから用いられています。考えてみれば列車の「運行時刻」もそのような「ダイヤ」と呼ばれる工程表をもとに、乗換の時間や後続列車の追い抜きなどさまざまな検討を経て作られているようです。

図表-2　座標式工程表

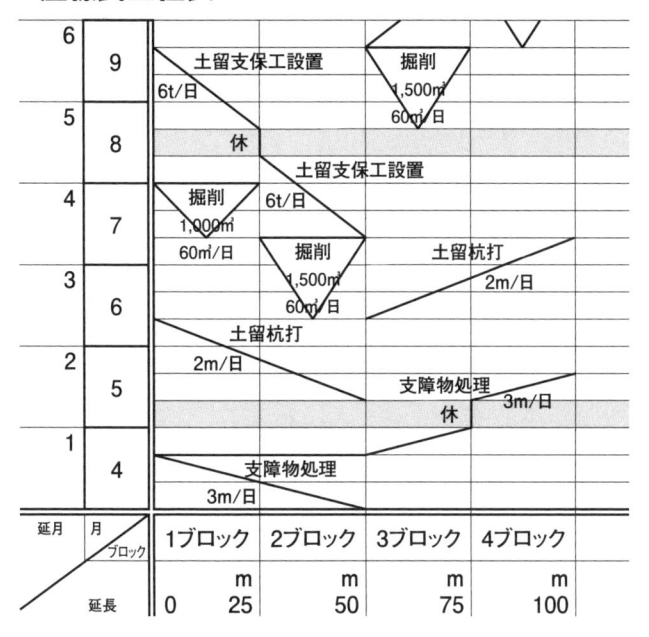

		1ブロック	2ブロック	3ブロック	4ブロック
6	9	土留支保工設置 6t/日	掘削 1,500m³ 60m³/日		
5	8	休	土留支保工設置		
4	7	掘削 1,000m³ 60m³/日	6t/日		
3	6		掘削 1,500m³ 60m³/日	土留杭打 2m/日	
2	5	土留杭打 2m/日		支障物処理 休 3m/日	
1	4		支障物処理 3m/日		
延月 月／ブロック 延長		0　25m	50m	75m	100m

　しかしながらこの工程表では、「どの場所でどの工種がすすめられているか」は分かっても、「その工種が終わってから、次にどの工種を行う必要があるか」といった「相互の関連」は分かりません。ですから、ひとつの工事が遅れたときにどの部分に影響するかが分からないのです。

　この関連が分からないと現場を管理し、コストをコントロールできる工程表とは言えません。

4.03 時間をコントロールできる工程表は?
ネットワーク工程表で管理する

　工程表を作り、実際に工事を進めていると、当然ながら工程表どおりにできないところがでてきます。このときは何らかの対策を立てなければなりません。
　——どうも先輩が何か言いたいようです。
● 　とにかく困るのは「遅れているのなら人数を増やせ、機械を増やせ」というものだな。だいたいこれは最も単純なんだが、最も危険といえる。
　確かに人や機械を増やせば一日あたりの施工量は増える。しかし、作業の不慣れや設備・機械の制約、場所の制約などで一人(一台)当たりの効率は落ちるし、作業の危険度が増して、事故の可能性も高くなってしまう。
　つまり「人数を増やせ、機械を増やせ」というのは、他の対策ではどうにもならないときの最終手段で、よっぽど覚悟してかからないといけないということだ。
　——そこでネットワーク工程表が登場します。
　ネットワーク工程表では、ひとつの作業を矢印→で、作業と作業の接点を○印で表します。そして矢印の上には作業名を、下にはその作業に要する日数(時間)を記入します。例題を参考にしてください。
　この工程表は次の点で優れているといわれています。
1) ある工事をするために**最も時間を要する作業の経路＝クリティカルパスが分かる。**
2) その他の作業にある**時間の余裕＝フロートが分かる。**
　この2点は有名ですが、次の点も見逃せません。
3) 矢印のたくさん集まる点があり、これを工程の**進度管理の目標点＝マイルストーン**とすることができる。
　本来のネットワーク工程では、矢印の長さは時間を表すものではありません。しかし、それでは工程表として見るには不便なので、横軸を日数とした目盛り

に矢印の長さを合わせて記入することが多いようです。こうすることにより、厳密な計算を行わなくともクリティカルパスやフロート、あるいはマイルストーンが分かります。

図表−3　ネットワーク工程表

延長	延月ブロック	1　4月	2　5月	3　6月	4　7月	5　8月	6　9月
0m	1ブロック	支障物処理 3m/日	休	土留め杭打 2m/日	掘削 1000㎡ 60㎡/日	土留め支保工設置 6t/日	
25m〜50m	2ブロック	支障物処理 3m/日	土留め杭打 2m/日	掘削 1500㎡ 60㎡/日	土留め支保工設置 6t/日		
50m〜75m	3ブロック		支障物処理 3m/日	土留め杭打 2m/日		掘削 1500㎡ 60㎡/日	土留め支保工設置
75m〜100m	4ブロック			支障物処理 3m/日	土留め杭打 2m/日		掘削

　実際には「余裕のある作業」が「クリティカルな作業」の進行をじゃましているなどということも意外と多いものです。そんなわけで、「クリティカルな作業」はどれか、「余裕のある作業」はどれかを常に把握しておく必要があります。また「クリティカルな作業」に対して重点的に作業方法の改善を進め、その作業効率を上げることができれば大きなメリットが得られるはずです。
　このように工程表の第三の目的は、

> 「作業の関連を把握し、進捗をコントロールする」＝「管理」……③

ということにあります。
● ほら、「虫の知らせ」というのがあるだろう。あれなんかどうだ。あれだって、本当はいろんな体験がデータとして蓄積された結果じゃないのか。でもまあ、「虫の知らせ」では説得力がなく、とても工程管理には使えないか…。

4.04 なぜ工程管理がコスト管理になるか
工程表で利益を生み出す

　ここで工事の原価（コスト）と時間との関係について整理しておきましょう。一般に原価は材料費と工事費からなるとされています。すなわち、

・原価（コスト）＝材料費＋工事費　であり、
・材料費＝材料単価×数量　ですが、
・工事費＝資源単価×「歩掛り」×施工数量　・・・・・・・・式①

と表すことができます。

　ここで「歩掛り（ぶがかり）」とは、「何人（台）でどれだけの施工数量ができるか」を表した値で、「人日／単位数量」あるいは「台日／単位数量」です。人日とは「人数×日数」で、台日は「機械の台数×日数」です。「単位数量」は、そのとき施工できた数量です。資源とは施工に必要な人や機械のことです。

　普通は施工数量が決まっていますので、式①から『単価』と『歩掛り』がコストそのものであると読めます。その結果、施工現場ではコストを「歩掛り」で管理しようということになるわけです。この考え方でいくと「今日必要な人数＝予定施工数量×歩掛り」ということになります。

　しかし、本当でしょうか…？

1）最適なグループ人数はある程度決まっている

　──ここで先輩の出番です。

● 　だいたい、ひとつの作業をするにはそれぞれ最適の人数の組み合わせ（パーティー）というものがあるんだ。杭打ち工事などは良い例だが、それぞれ役割が決まっていて、人数を増やしたからといって施工量は変わらない。パーティー数を増やすしかないのだが、今度は場所の広さなんかの関係で、そう何組もが入れるわけではない。つまり、物理的制約があるんだ。鉄筋工事や型枠工事だって人数が増えるといわゆる「段取り」が悪くなって、作業をしたくて

もできない（＝いわゆる遊びの）時間が増えるのは確かなんだ。そうすると一人あたりの施工量が減ってしまうことになる。

――つまり最適の人数のパーティーが一連の仕事をしたときに達成された「㎡あたり○○人」とか「ｔあたり△△人」という数字を使って、施工数量から逆算で人数を求めことは大きな誤りということでしょう。

2）原価の工事費部分は時間に比例する

「最適なグループ人数（あるいは機械台数）はある程度決まっている」ことがわかりました。これをたよりにもういちど、工事費を見てみましょう。今度は

・工事費＝資源単価×日当たり最適数（人または台）×日数・・・・式②

ここで、日数＝施工数量／日当り施工量　というわけです。

このとき日当たり最適数（人または台）が決まっているとすると、資源単価が決まったあとでは「日数」が工事費といえます。しかし現場の管理において最も変動する可能性が高いのも「日数」なのです。

だからこそ、こう言えるのです

「工程管理こそが現場の利益を生み出す源泉だ」

このあと、具体的な工程表作成の手順を説明することになりますが、その前にこれまでのところをまとめておきましょう。

工程表作成の目的とその手法

① 「関係者が工程計画を知ること」＝「周知」
　　適合：棒式工程表、欠点：場所の情報が反映されない。
② 「工事状況の変化をシュミレートする」＝「検討」
　　適合：座標式工程表、欠点：「相互の関連」が分からない。
③ 「作業の関連を把握し、進捗をコントロールする」＝「管理」
　　適合：ネットワーク工程表、ただし「周知」「検討」にも便利なように工夫が必要。欠点：利用するためにはある程度の知識と習熟が必要。

4.04 なぜ工程管理がコスト管理になるか

4.05 ではどこから、どう作るか
工程表の作成手順

　それでは、具体的に工程表を作る手順を追ってみましょう。はじめに、ここではどのような工程表を作ろうとしているのかを再確認しておきましょう。
　一言でいえば、それは「説明のための工程表ではなく、管理をするための工程表」ということです。もちろん工程表の目的には「周知」があり、説明のための工程表も必要です。むしろ説明する相手に応じていろいろな種類のものがいくつも必要であるともいえます。しかし、管理するための工程表も必ず必要なはずです。本来はまず管理するための工程表を作っておき、これをもとに説明用の工程表を作るのが正解なのでしょう。

- ◉　おい、工程表の書き方を説明するつもりか？
　──ええ、そうですけど。何か問題が…。
- ◉　それなら**「ご用聞き工程」**って知っているか？
　──何ですか、それ？
- ◉　ううん、そうだな。どういう作業が必要で、どういう順番で進め、それぞれにどのくらい日数がかかるかが分からなかったとしよう。
　──そんな人が工程表を作ることなんてあるんですか？
- ◉　それが、恐ろしいことにあるんだな。で、そいつは工事を部分に分け、それぞれの工程を担当者や専門工事会社に書かせるわけだ。そうして、それをつなげる。
　──相互の関連やら前後関係は調整しないんですか？
- ◉　まあな。
　──じゃあ、作業の交錯や、動線や搬入経路は？
- ◉　さあ、各社に調整させるんだろう。むしろ自分で考えて「できない」と言われるより、各社が出した工程が守られているかどうかだけを監視して、予定

より遅れているところを「たたく」というところじゃないか。
　──それで「ご用聞き工程」というわけですね。ただ、それではコストダウンの放棄ですよね。無視して普通にやりましょう。

「工程表原案」から「工程表見直し案」、さらに「工程表最適案」へ

　工程表作成の手順について、順を追って説明していきましょう。

1）工種・数量を洗い出し、日当たり施工量を想定する

　はじめに工事に必要な工種と数量をもれなくリストアップします。工種・数量に抜け落ちがあると、大きく工程計画に影響します。必要な施工日数は歩掛りの多少の差異より、「工種・数量が正しく把握されているかどうか」に左右されることが多いようです。

　工種・数量がリストアップされたら、データに基づいて「日当たり施工量」を想定します。このとき信頼度の高いデータがあればあるほど精度の良い工程表が得られます。もちろん、このためには「過去の類似工事データ」を普段から収拾しておく必要があります。いずれにせよ全く同じ工事はないわけですから、自分たちの経験と見識により想定することになります。

● 　またまた、登場して悪いんだが、「歩掛り」を標準化できると思うか？
　　──そうですね。でもあっても使う勇気があるかどうか。
● 　「標準化なんてできませんよ。土木はそれぞれ現場によって条件が違って特殊でしょう。」という意見にはなかなか反論できないからな。それに「他のところではできるかもしれませんが、この工事だけは特殊でだめなんです。」というのも多いだろう。
　　──みんなが「この工事だけは特殊」と思っているところってありますよね。
● 　だいたい特殊かどうかなんて、どうして「自分のところ」だけで分かるんだ。「特殊かどうか」は集まったデータのばらつきから決まるもんだろう。案外と

データは同じ値に集まっていたりするかもしれないぞ。

――いずれにしろ標準化できるかどうかはデータが決めるということですね。

2）工程表の時間のスケールをきめる

工程表の時間のスケールは、1ヶ月の工程計画なのか5年の工程計画なのかではやはり違ってきます。特にここでは何度もシミュレーションを行って、最適な計画を探していこうとしています。人間の能力には限界があります。いきなり5年の工程を日単位で組み立てるのでは、必ずしも早くに最適な案にたどり着けるとも思えません。1週間あるいは10日を一目盛りとすることも考えられます。

ところで、工程表の横軸は時間の目盛りですが、縦軸はこの段階では「場所」としておくことをお勧めします。それは作業が同時並行に進められるか、あるいは作業の交錯や動線、資材の搬入経路を検討するためにはどうしても作業の位置関係を把握する必要があり、そのためには工程表は場所ごとに作られている必要があるからです。

3）工事の「まとまり部分」の詳細工程を作る

工事にはたいてい繰り返しの部分があります。あるいは、ひとまとまりの工事があります。例えば、数ブロックからなる工事では、形状や大きさに差はあっ

図表-4　躯体工事1ブロック分の工程表

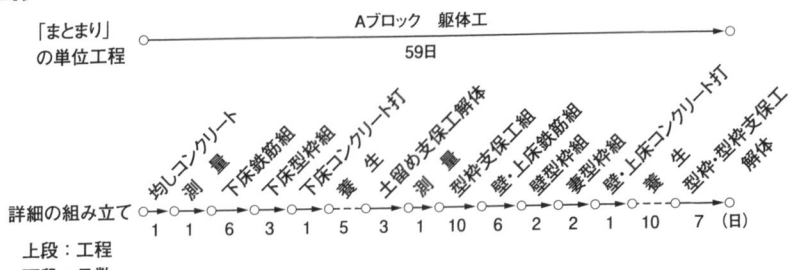

「まとまり」の単位工程　　Aブロック　躯体工　59日

詳細の組み立て：均しコンクリート 1 / 測量 1 / 下床鉄筋組 6 / 下床型枠組 3 / 下床コンクリート打 1 / 養生 5 / 土留め支保工解体 3 / 測量 1 / 型枠支保工組 10 / 壁・上床鉄筋組 6 / 壁型枠組 2 / 妻型枠組 2 / 壁・上床コンクリート打 1 / 養生 10 / 型枠・型枠支保工解体 7 （日）

上段：工程
下段：日数

116

ても1ブロックが単位になります。そこで躯体工事であれば、この1ブロック分の工程表を詳細に組み立てます（**図表－4**）。この詳細工程は全体工程表の一目盛りが1週間であったとしても、日単位で作ります。そうして、このような部分的にまとまりのある詳細工程をいくつか作っておくようにします。

4）工事全体の「工程表原案」を積み上げでつくる

次に、先に作っておいた部分工程を単位として、工事全体の工程表にします。ネットワーク工程の考えに従い、作業の順序に注意しながら組み立てます。

工程表をゼロから作ることは意外と少ないものです。すでにマスタープランがあったり、全体工期の制約や部分的に期間の制約があったりします。このとき、積み上げで工程表を作らず、制約に合わせて工程表を作ってしまってはいけません。それでは制約が多ければ多いほど、工程表が簡単にできてしまうことになります。施工能力に基づかない、すなわちできるかどうか分からない工程表はむしろ害です。

またマスタープランに合わせて工程をひいてもいけません。あくまで施工プランに基づき、まず自分たちで可能な工程としておく必要があります。

こうしてでき上がった**「工程表原案」**は、この段階では全体工期や部分的制約を満たしていないものです。ここで大切なことは「どの部分」が「どの程度」工事の制約条件を満たさないかを把握することです。「何が問題か」が分かることは解決の第一歩なのです。

勝手に工期内に収まるように工程表を書くのは簡単ですが、何の解決にもなっていません。安易に歩掛りを変えてもいけません。工程表から歩掛りが決まることはありえないからです

5）施工計画を変えて工程を組み替え、制約条件を満たすような「工程表見直し案」を作成する

前のステップで見つかった工程上の「問題点」について、解決を図らなければなりません。問題点を分析し、創意工夫をこらして計画を練り直す必要があるのです。具体的には、次のような検討を行うことにより、工期を短くできる

CHAPTER 4 利益の出る工程管理

場合があります。

① 工法や機械の変更による施工能力の向上

　特にクリティカルな作業において、工法や機械の見直しにより施工能力を向上させることができれば、当然のことながら全体工期を短縮することができます。もちろん、必ずしもそんなうまい方法があるわけではありませんが、もし見つけることができれば、大きく寄与するはずです。その意味で王道であり、まずは経験や意見、情報や知識などを総動員してこの方法を追求すべきです。

② 同時並行で進行できる工種はないか

　一時期に一種類の工事だけを進めると、最も長い工期が必要となります。これに対して、作業の交錯や動線、資材の搬入経路をチェックしながら同時並行に進行できる工種を見つけることができれば、工期を短縮することができます。
　平面的に広がりのある場合や延長が長い場合には、工事用道路や搬入口を増やすことにより、作業が並行してできる可能性があります。また掘削が深い場

合などには、「先行して床を施工する」あるいは「作業床を設ける」などの対処により、「上下」で同時に作業を進め、工期を短縮することもよく行われています。

> ③　工場製作部材やプレキャスト部材を利用する

使用する部材をあらかじめ工場で製作しておいたり、プレキャスト部材を利用することなどにより、現場で行う作業を減らし、工期を短くできる場合があります。もちろん、この方法によると一般的には費用が割高になるといわれています。しかし、工期短縮による共通仮設費や経費の低減効果も含めて、考えても良いのではないでしょうか。

> ④　パーティー数や機械・人員を増やす

前述したとおり、作業区域の広さに余裕がある場合は、パーティー数や機械・人員を増やすことにより、工期は短縮できます。ただし、施工効率の低下を盛り込んでおく必要があります。

> ⑤　昼夜間作業や作業時間の延長を行う

昼間に施工可能な作業において、工期短縮を目的に大幅に作業時間を延長したり、夜間作業を行うのは、普通は得策ではありません。作業員の単価が25％から50％も高くなるにもかかわらず、作業効率が低下して、ダブルパンチとなるからです。それでも度々行われるのは、最後の手段だからです。この手をいかに使わないで工事を進めるかが「腕」というものです。計画のはじめから「夜間作業や作業時間の延長」を組み込むことは危険です。

以上のような手順で「工程表原案」を見直すことによってできた工程表を**「工程表見直し案」**とでも呼んでおきましょう。全体工期がほぼ満たされ、クリティカルな作業が分かり、他の作業にある時間の余裕も把握されていると良いのですが…。

◉　おまえ、ことはそう簡単じゃあないだろう。もう少しフォローがあるだろ

——確かに…。もちろん、どうやっても制約条件を満たすことができない場合もあるでしょう。その場合には施工条件の見直しから始める必要もあります。あるいは、契約上の条件変更も視野に入れて、発注先と協議することも必要かもしれません。

6）比較案を作り「工程表最適案」を求める

　「工程表見直し案」は必要最低限の条件を満たしているにすぎません。見直し案をもとに、よりよい案を見つける作業が必要です。**工程表はいわば航海のプランであり、一旦乗り出してしまえば大きな方向転換はできません。**どうにもならない状況に追い込まれてから悔やんでも「後の祭り」なのです。

　工程表から、将来の現場の状況を想像してみてください。意外な発見もあるものです。とりあえずは見直し案があるわけですから、いろいろな発想で別の手順を考えましょう。いくつかの案を作成し、それぞれの長所・短所を「見直し案」と比較してみてください。

　ここで、工程表作成手順をまとめると次のフロー図のようになります。

◉　先輩としてはひとつ気になるんだが、普通はこの辺で「次に、資源の山積み、山崩しをしましょう。」となるんじゃないのか。念のために、言っておくと**「資源の山積み」**とは、それぞれの作業工程に必要な人間や機械などの資源の数を作業日毎に積み上げることをいう。次に、必要な資源の数が毎日ほぼ同じ数になるように工程を見直して平準化する。これを**「山崩し」**という。この「山積み、山崩し」は必要なんじゃないのか？

　——もちろん使用する資源量の平準化は非常に大切です。むしろこれまでの手順はそのためのものとも言えます。これまでここでは「作業に最適な人数、パーティー数」をもとに「工程表原案」を作成し、施工計画に基づき、制約条件を満足するように「工程表見直し案」を作ってきました。これらの手順を踏んだので各工程での資源配分はそれほど不適当な数にはなっていないはずです。

図表-5　工程表作成の手順

① 工種・数量を洗い出し、日当たり施工量を想定する

　歩掛りの多少の差異より、工事に必要な工種・数量が正しく把握されているかどうかのほうが大きく工程計画に影響する。

② 工程表の時間のスケールをきめる

　工程表の横軸は時間、縦軸はこの段階では「場所」

③ 工事の「まとまり部分」の詳細工程をつくる

　代表的工種について日単位で積み上げる。

④ 工事全体の「工程表原案」を積み上げでつくる

　施工能力に基づいて作る。「どの部分」が「どの程度」工事の制約条件を満たさないかを把握する。

⑤ 制約条件を満たすような「工程表見直し案」を作成する

　見直しのポイントには次のようなものがある
　・工法や機械の変更による施工能力の向上
　・同時並行で作業できる工種はないか。
　・工場製作部材やプレキャスト部材を利用する
　・パーティー数や機械・人員を増やす
　・昼夜間作業や作業時間の延長を行う

⑥ 比較案を作り「工程表最適案」を求める

　比較案を複数作成し、それぞれの長所・短所を見直し案と比較する。

CHAPTER4 利益の出る工程管理

● そういえば「**コレシカナイ工程**」なんてのがあるな。「どうしてこんな工程になるんだ。」と聞くと「とにかく、あれこれ条件があって、これしかないんですよ。」「もうやるしかないんですよ。」とくる。

——ですから、それは工程表の作り方が違うからだと思うんですよ。例えばまず、工事の制約条件から各作業に施工日数を割り当てます。割り当てのできる分だけをね。それから、この割り当てられた日数を歩掛りで割って一日当たりに必要な資源数を決める、という手順になっているようです。この手の工程表では一日あたりに必要な資源数が最後に決まります。こういった工程表では山崩しをしないととても使えないでしょうし、もっといえば多少の山崩しくらいではとても平準化できるとも思えません。

このような手順により、いくつかの工程表ができます。次にその中から最適といえる工程表を選ばなければなりません。しかし、どのような工程表を選べば良いのでしょうか。そこで次節では、「良い工程表とはどのような工程表か」という問題について考えてみたいと思います。

工期と工事費の関係

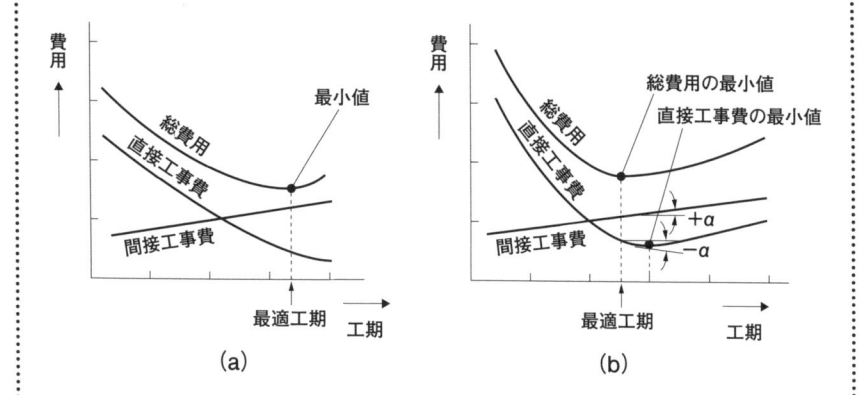

(a) 費用 / 総費用 / 直接工事費 / 間接工事費 / 最小値 / 最適工期 / 工期

(b) 費用 / 総費用 / 直接工事費 / 間接工事費 / 総費用の最小値 / 直接工事費の最小値 / +α / −α / 最適工期 / 工期

工期と工事費について、図(a)の関係が成り立つとされている。

これによると、工期が長くなるにつれて直接工事費は低下し、逆に間接工事費は増加するため、あるところで総工事費が最小になり、ここが最適工期とされる。「突貫工事は高い」との感覚とも合い、つい納得してしまう。

しかし、直接工事費は時間とともにこのように低下し続けていくものなのだろうか。

おそらく、直接工事費は最も効率の良い、しかも比較的早い時期に最小値を示し、その後は漸次増加すると思われる(図(b))。

これに対して間接工事費は一定に増加すると考えられるため、理屈上は総工事費は直接工事費が最小値を示す工期より必ず前の段階で(このとき、直接工事費の低下率が間接工事費の増加率と一致しているはず)で最小値となるだろう。

実際の工事では突貫工事は論外として、どちらかというと工期を詰めて施工したほうが安くなるという実感があり、これと一致するのは図(b)のモデルと考えるが、いかがなものだろうか。

4.06 工程表を点検する
良い工程とは…

良い工程とは具体的にどんな工程のことをいうのでしょう。そのチェックポイントを探ってみましょう。

1）作業の連続性が確保されている

「工程表最適案」では、各工種の連続性を確保しておく必要があります。連続性とは、例えば「鉄筋工」や「型枠工」の作業工程が切れ目なく連続してどこかで行われていることをいいます。

ここまでの工程検討では、工程表を「場所」別としてきましたが、作業の連続性をチェックするためには、

- ・工種毎に色分けする
- ・「工種」別の工程表に組み替える（この方法は手書きの工程表では相当の手間を要しますが、最近のコンピュータソフトでは場所別と工種別とに切り替えができるものもあるようです）

などの手順が必要です。

ではなぜ「作業の連続性が確保されている」ものが良い工程計画となるのでしょう。いくつかの理由がありますが、最も大きな理由として「作業待ちの排除」が挙げられます。「作業待ち」はムダなコストだからです。

一方で、例えば「明日は『鉄筋工』の作業がないなら鉄筋工が来なければよい」「必要な人数だけ来てもらえばよい」という考え方もあります。一見合理的なこの考え方には、実は大きな落とし穴があります。

なぜなら、実際には鉄筋工は一日だけ休みになると困りますし、必要な人数を増減するにも限界があるため、作業する側が「仕事の進み具合」を作業が連続してできるように調整してしまうからです。その結果、工程は守られず、工事原価（コスト）も経費も増えてしまって、結局めぐりめぐって損害を被るわ

けです。

やはり「作業待ち」はムダなコストなのです。

2）段取り替えが少ない

「作業の連続性」がある場合でも、そのために「段取り替え」が多いと日数と費用を要します。例えば、杭打ち工事や地盤改良工事において行われるプラント設備の移設などが代表的な例です。この話は分かりやすいと思われますので、これ以上の説明は控えます。

3）施工の順序が正しく、必要な作業が抜けていない

もうひとつ当たり前でいて、意外と守られていないポイントに作業順序があります。作業順序が違っていて、先にやっておかなければならなかった作業が後に予定されていたり、必要な作業が抜けていて次の作業にとりかかれないなどとなると、工期、費用ばかりでなく品質、安全のすべての面で大ピンチに追い込まれてしまいます。日当たりの施工量（歩掛り）の大小ばかりが注目されますが、こういったものの多少の読み間違いより、作業順序の間違いの方が影響は大きいものです。

4）適切な工区（ブロック）に分割され、それぞれの施工量が均等である

作業の連続性や資機材の転用を図るため、工事区域を分割して工区（ブロック）に分けることが行われています。

このとき、各工区の施工量は均等になっているほうが有利です。「施工量が均等」であればあるほど、人間や資機材の出入りが少なくなり、運搬・修理費などの仮設費ばかりでなく、連絡調整・教育のような経費までもが低減され、また安全も確保しやすくなるからです。

5）同じサイクルが繰り返されている

例えば3ブロックからなる工事があって、工事は「基礎工」→「型枠工」→「鉄筋工」→「コンクリート工」で構成されていたとします。このときの工程には、

次の二つのパターンが考えられます。

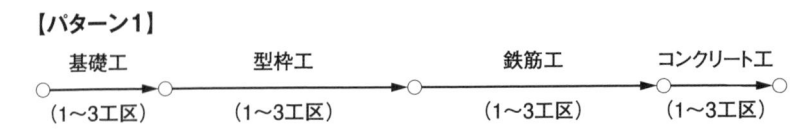

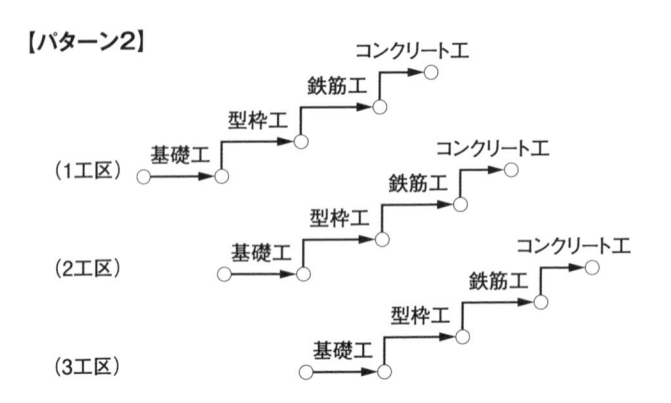

【パターン1】

基礎工 → 型枠工 → 鉄筋工 → コンクリート工
(1〜3工区) (1〜3工区) (1〜3工区) (1〜3工区)

【パターン2】

(1工区) 基礎工 → 型枠工 → 鉄筋工 → コンクリート工

(2工区) 基礎工 → 型枠工 → 鉄筋工 → コンクリート工

(3工区) 基礎工 → 型枠工 → 鉄筋工 → コンクリート工

【パターン1】では多くの仮設資機材が一度に必要になり、その組み立て・解体や搬出入に手間取るようにもなります。そこで通常は【パターン2】のように組みます。工程の連続性と繰り返しにより作業の習熟、資機材の転用が進み、コストダウンが得られるためです。

【パターン1】が採用されるのは、各工区の施工数量がかなり少なく、1〜3工区を一度に作る方が施工数量がまとまり、施工効率が高くなると考えられる場合に限られるようです。

6）作業工程の後ろに余裕が残っている

作業工程のどこに余裕を取っておくかという問題です。

クリティカルな作業には、当然ながら余裕＝「時間の空き」はありません。これに対して、その他の作業には余裕があるはずです。そこでこの余裕を利用して「作業の連続性」や「施工量の均等化」、「施工ブロックの分割による資機材の転用」を行います。このように余裕をうまく利用した計画ほど、多くの経

路で余裕＝フロートが「0ゼロ」に近くなります。

　では、このようにしてできた余裕がまったくない工程は果たして良い工程計画なのでしょうか。

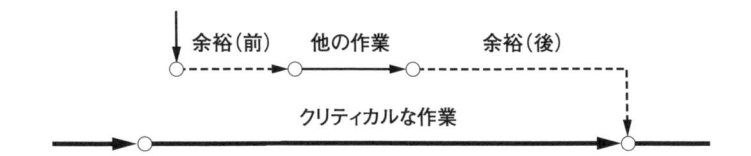

```
         ↓余裕(前)  他の作業   余裕(後)
         ○---------→○---------→○
                                 ┊
         ────→○──────────────────○────→
                    クリティカルな作業
```

　これまで、「工事のコストは工程とリンクする」との考えを原点に、「工程管理によりコストを引き下げ、現場で利益を確保する」ことを目的として、工程管理の方法を考えてきました。先の「1）作業の連続性」〜「5）同じサイクルの繰り返し」のポイントは、実は「作業効率がだんだん良くなるような工程計画とする」ためのポイントでもあったのです。

　コストが下がるためには施工効率が向上し、それにつれて工期も短くならねばなりません。このためには、クリティカルな工程が早くすすんだときに、今度は別の経路がネックになるようでは困ってしまいます。どの工程経路にも余裕がなく、あちらこちらにクリティカルパスやその予備軍が待ちかまえているような工程計画はかえって適切ではないのです。

　そこで、クリティカルではない他の作業工程も早目に着手して、工程の後ろに余裕を残しておきます。そうすることによって、クリティカルな工程が短縮したときの制約にならないようにしておきたいものです。

　でき上がった「最適工程表」は、作業工程が予定より進捗した場合を想定して、チェックを行ってみてください。

7）危険対策が組み込まれている

　工事には困難やトラブルがつきものです。予測を上回る変動や突発事態が発生したときには、工程の変更は避けられません。

　しかし、ある程度の予測がつけられることがあるのもまた事実です。

・土工事は雨の多い時期を避ける。

4.06 工程表を点検する

・工事の順番に配慮し、出水、冠水しても全体を崩壊させない。
・障害物の撤去のような不確実な工事は優先して済ませる。

などの対策が挙げられます。

地域や工事の特性を良く分析して、危険対策をどのくらい組み込めるかが、成功の秘訣といえるでしょう。

いまもし、ある工種のある箇所で困難が予測されるとしたら、あなたならどこから手をつけるでしょうか。

新しい工種の着手時にはトラブルが発生しやすいものです。はじめは比較的問題のなさそうな部分から始めるのが良いでしょう。そして、調子が出てきたころの比較的早い段階で「困難な部分」を済ませるようにします。問題の箇所でトラブルが生じた場合も、早い段階なら他の部分の施工をするなどして時間が稼げます。その間に、何らかの対策の用意もできるでしょう。これに対して困難なところを最後に残すと、もしもの場合に工事全体が止まってしまうことになりかねません。

このように、危険に対する対策がとられているかどうかが最後のポイントになります。

以上のポイントをまとめると次のようになります。

良い工程表のポイント

① 作業の連続性が確保されている。
② 段取り替えが少ない。
③ 施工の順序が正しく、必要な作業が抜けていない。
④ 適切な工区（ブロック）に分割され、それぞれの施工量が均等である。
⑤ 同じサイクルが繰り返されている。
⑥ 作業工程の後ろに余裕が残っている。
⑦ 危険対策が組み込まれている。

4.07 工程表をフォローする
目的は二つ、「管理」と「記録」

　工程は、そのフォローが大切だといわれています。その目的には二つあります。
　一つ目は「進捗管理」です。
　各工程が進んでいるか、遅れているかを把握し、問題点を分析して必要な対策をとり、工程を遅延させないよう「管理」することです。
　二つ目は「記録」です。
　工程の実施記録は大切なデータです。この記録がない組織には、発展はないでしょう。なぜなら、次の人がまたはじめからやらなければならないからです。

1）進捗管理

　一般的には、「管理」とは次の４つの作業を繰り返し行うことだといわれています。

```
・P：プラン　　　（計画）
・D：ドゥ　　　　（実行）
・C：チェック　　（検証）
・A：アクション（対策）
```

　私たちが日常行っている諸々の進捗管理も、同じように工程表という計画書に基づいて、同様に・・・・・。
　――あれ？　先輩！
◉　久々に、登場させてもらったが、そうはいうものの、工程表は間に合わせるためのもので、そのためには集中的に人、機械を投入したり、残業などの禁じ手も駆使しているのだろう。その結果、やっと間に合った工程やそんなものの記録が、また次の現場で使えるかどうかは分からないのではないか。何か話が矛盾してないか？

——重要度に応じて考えてみたいと思います。まず、一番大切なことは「問題に早く気がつき、適切な対策を行うことによって目前の作業が改善される」ことです。

問題の解決については、かつては権威をちらつかせて解決を図ることが行われてきました。しかし、現在では権威をちらつかせるほど解決から遠ざかるのです。

「管理者」だけが慌てて指示を繰り返しても、一向に改善されません。かえって真の原因から遠ざかるばかりです。問題があれば、権威的ではなく組織を構成するメンバーが一緒に考えることにより、初めて解決に近づくのです。

そのためには、問題点を多くの人に「目にみえる形」で示せるものが良いのです。そういう意味で、実際を映し出す工程表が必要なのです。

● 工程表は書いたけれども見たことがない？　なんて正直とも大胆ともいえる者もいれば、工事が終わる頃に工程表ができたなんて場合もあるんだぞ。

——もちろん、細かい工程表を残すことが目的でもありません。問題点を把握し、何が問題であるかを関係者全員が認知できることが重要です。

確かに「工程は間に合わせるもの」です。しかし、実際に進捗を調べて、遅れの原因を推定し、対策を打つには、より細かい期間での管理が必要になってきます。

例えば、躯体工事のように多くの工種があるものであれば、鉄筋工事や型枠工事などの各工種の終了日と着手日について、計画と実績のずれが目安となるでしょう。また、掘削工事のようなものであれば、毎日の土量とその累積量を工程表に合わせて記入して、進捗を把握することも有効です。そしてこれらのことを行うためには、工程表を日単位までにブレークダウンしておくと、多くの場合に効果的なのです。

いずれにせよ、このようにして工程表によって工程進捗の実態が多くの人に「目にみえる形」で示され、問題点の「真の原因」に早く到達できたものが、成果を得ることになります。

2）記録の作成・保存

◉ では、その記録とやらなんだが、発注先や管理部門に提出している報告ではだめなのか。なかなか忙しくて記録なんぞを取っている暇はないだろう。

──計画工程に対して実施工程を「色を変えて記入」したり、「ある期日までに進捗した工程上の点を線分で結ぶ」などの方法で表示されることが多いようです。確かにないよりは良いでしょうが、「報告」としては適切だとしても、本当に使えるのでしょうか。

◉ では「工事日誌」とかがあるだろう。

──記録は利用できる形で残されている必要があります。工事日誌はなるほど確かなデータではありますが、そのままの形では量が多すぎ、それに必要な箇所を検索するのも大変です。したがって実際のところ「工事日誌」はそのまま使われずにいることが多いものです。

記録のために、使用された「資源の種類と数」について実績の数値を工種別に集計表にまとめておくことも行われています。しかしながら新たにまた書類を作るのも負担です。

そんなことから、現場で作られることの多い「作業日報」を利用する方法があります。これは「日報を月毎に集計表とする」という作業を日常行っている場合に、この表に合わせて工程と施工数量を記入してしまうやり方です。この場合、「作業日報」の様式を統一しておくと便利です。

また、ネットワーク工程の矢印を「縦軸が施工数量、横軸が日程」とする座標上にベクトルとして表すような工夫も試みられています。確かに、工程の進

図表－6　工程のベクトル表示

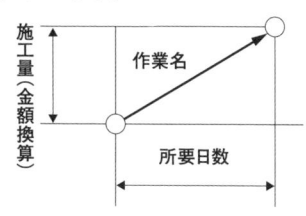

図表−7　ベクトル式工程表

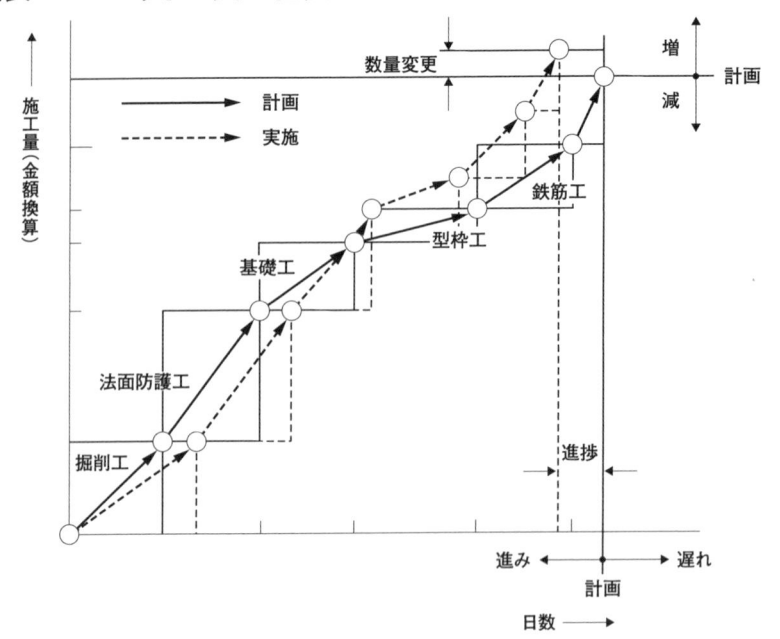

捗と施工量があわせてひと目でわかる優れた方法だと思います。

　いずれにせよ、もはや「明日は今日の延長線上にはない」のです。だからこそ、失敗や成功の経験をデータとして残しておくことが、より重要なのです。

　もちろん記録によらず、「徒弟制度」やそれに似た制度を守り、口伝でノウハウを伝える方法が間違っているわけではないと思われます。しかし、既にこういった方法を「時間と人がない」として放棄したところでは、多くの人が利用できる「記録」こそが財産であり、「記録」がない組織は存在価値を失ってしまうのです。

＊　　　　＊　　　　＊

　ベクトル式工程表の詳細は、次の図書を参照してください。
◆**「工事工程管理−工程計画の立て方と利用法」**（宮田弘之介、工藤昌直、船津修一共著、鹿島出版会）

CHAPTER 5
安全管理を検証する

　「安全」についての話題は、現役の現場所長ならば正直なところ「できれば避けたい」と思うものです。
　なぜなら「どんなにやっていても事故は起こる」「すべてを完全にできるわけはない」と考えてしまうからです。

　そのように考えていたのにかかわらず、ついつい「安全」についての章を設けてしまいました。
　もちろんそれなりの理由はあります。

　実は毎日現場を見ていて、ふとこれまでに欠けていたひとつの視点に気づいたのです。
　そうしてここでそれをあえて披露するのは「ひとつでも事故が減るように」と切に願うからに他なりません。

　この章では、まずその「視点」を説明したうえで、「不安全行動」と「ヒューマンエラー」について検討し、最後にそれらの「背景にあるもの」について考えてみたいと思います。

5.01 安全活動のためのひとつの視点
不注意とエラーの科学

CHAPTER5 安全管理を検証する

　安全管理に関するアプローチの中で、代表的なものに労働安全衛生法をはじめ主として法的な観点から行うものがあります。

　私はかねがね「労働安全衛生法」は実に良くできていると考えている者の一人で、「労働安全コンサルタント」なる資格を取ってしまったくらいなのですが、だからといってとてもここで「統括管理とは何か」などについて述べる立場にはありません。多くの優れた本が出版されているので、そちらをご覧になってほしいと思います。

　もうひとつの代表的なアプローチは経験則に基づくものです。

　これは現場の最先端では多くの人々が経験的に身につけている方法でしょう。例えば「事故発生前に何か起こりそうな＜気配＞がある」ことは現場経験のある方ならばご存じのはずです。また古くから「べからず集」として伝えられている警句には、相当の「蘊蓄」があります。これらについても経験豊富で文章力に秀でた方々の作品があるので、そちらを参考にしてください。

　このように建設現場の「安全」については、「法」と「経験則」に基づいて述べたものが多くなっています。

　さて、ここで最近の建設工事をめぐる事故の特徴について考えてみましょう。多くの方々からなされている代表的な指摘は、次のようなものではないでしょうか。

　——機械・設備が充実するにつれて、ヒューマンエラーや不安全行動に起因する事故が目立ってきた。

　これは、確かに現場での実感とも符合します。

　「作業員Aは階段を下りていて踊り場だと思って足を踏みだしたところ、も

う一段あって骨折した。本人の不注意としか思えない。」

「あれだけうるさく言っていたのに、また近道をして通路を通らず、怪我をした。」

こうなってくると「不安全行動」や「ヒューマンエラー」は人間そのものにかかわる問題で、本質的な解決はできないように見えてしまいます。そこでせめてモラルの低さを改善しようと「厳罰に処す」か「教育し直す」ということになるわけです。

「ほんとうにそれしかないのか」などと考えていたら、次のような発言に遭遇したのです。

「不注意になるのがむしろ人間らしいことなのである。」
(『ゼロ災へのパスポート・安全施工ハンドブック』田辺肇著、PHP研究所　出典 *1)

「自分でも、どうしてエラーをおこしたのかわからないのが普通である。」
(『安全人間工学』　橋本邦衛著、中央労働災害防止協会　出典 *2)

「事故があったときに、エラーを犯した人間をお粗末だというのぐらい非科学的な議論はない」(柳田邦男　出典 *2 の対談より)

5.01 安全活動のためのひとつの視点

CHAPTER5 安全管理を検証する

　これらの考え方に接し、「では科学的にやればどうなるのか？」というところに私は非常に興味を持ちました。
　実際のところ、鉄道や航空機などの輸送機関、あるいは原子力施設や化学コンビナートなどのように高度に機械化・自動化された分野では、心理学や人間工学と呼ばれる学問的見地から事故防止策を述べたものが中心となっているように思われます。

　そんなわけで、ここでは代表的な「安全に関する科学的成果」を使って、「今、建設現場で考えられ、行われている安全管理の方法」を検証してみることにします。そうすることによって、安全に関するこれまでのわれわれのノウハウを生かすための方策を探ってみようと思います。

＊　　　＊　　　＊

　本章で何箇所か登場する出典を、ここでまとめて紹介しておきたいと思います。

◆出典＊1　「―ゼロ災へのパスポート―安全施工ハンドブック」(PHP研究所)
　著者の田辺肇氏は古河鉱業㈱から中央労働災害防止協会設立に参加、危険予知活動の開発・普及にあたる。「安全施工サイクルを回そう」「職長こそキーマン」「安全自主活動を活発化しよう」「危険予知活動をすすめよう」など、実践に基づいた指導は現在の安全活動の基本となっている。

◆出典＊2　「安全人間工学」(中央労働災害防止協会)
　著者の橋本邦衛博士は東京大学医学部卒。三河島事故を契機に作られた旧国鉄の鉄道労働科学研究所で人間の科学研究を通して事故防止を図る方法を探究した。意識レベルについてのフェーズ論、新幹線の安全システム構築など多数の業績で有名。

◆出典＊3　「失敗のメカニズム―忘れ物から巨大事故まで―」(日本出版サービス)
　文学部心理学科卒(専門は産業心理学)の先生である芳賀繁氏が、企業の安全担当者に対する指導を通して得た情報を、一般向けに書き下ろした著作。現場の安全対策など実戦的対策の検討に有効な著書である。

5.02 不安全行動とヒューマンエラー
どこか違う、でもどう違う？

「不安全行動」あるいは「ヒューマンエラー」とは、どういうことをいうのでしょう？　どこかがちがうのでしょうか？

後述の「安全の科学知識①」にその代表的な定義を示しましたが、科学的な表現は厳密さを求めるためか(非難を避けるためか)、実に分かり難いものです。われわれが理解できるレベルに翻訳すると次のようになるでしょうか。

「そのつもりじゃなかったヒューマンエラー（心理学）」
「人間側の間違いはヒューマンエラー（人間工学）」
　産業に関わる分野では、事故を起したかったわけではないが…、
「不安全行動」＝**危険だと知りつつ、意図的に**行われたもの
「ヒューマンエラー」＝**意図に反して、**安全を妨げたもの

これらを比べると、「不安全行動」と「ヒューマンエラー」を「意図」の有無に着目して「区別」した芳賀氏の考え方が実感と合うように感じます。したがって「不安全行動」と「ヒューマンエラー」の差に着目し、それぞれの原因と対策を分けて考えたほうが、現場に適用するためには有効であるように思えます。

ところが、次のような事例はいったいどちらなのでしょうか。
（事例）「開口部の付近で資材を整理していた被災者（型枠工）は開口部から転落した。作業開始時に設置されていたはずの開口部の手すりは外れていた」
非常に典型的な例ですが、さて、これは「危険だと思いながら、手すりの復旧をサボった不安全行動」なのでしょうか、それとも「手すりの復旧を忘れてしまったヒューマンエラー」なのでしょうか。
どちらかであったのでしょうが、もし被災者が亡くなっていればその究明は

ほぼ不可能でしょうし、存命であったとしてどれほど本当のことが聞けるでしょう。

このように「不安全行動」と「ヒューマンエラー」とを区別しようとしても、現実にはその区分は非常にむずかしいようです。真実はどちらかなのでしょうが、このふたつを区分しようと事情聴取に躍起になることが、実際の現場では必ずしも適切ではないように思えます。

では、どう考えるかですが、「物事には常にふたつの要素がある」と考えたいものです。ひとつの事故に対して二つの見方をし、二つの対策をとることの方が次の事故防止に役立つと考えます。

そこで次節から「不安全行動」と「ヒューマンエラー」の二つの観点から、建設現場の事例検証に取り掛かろうと思います。

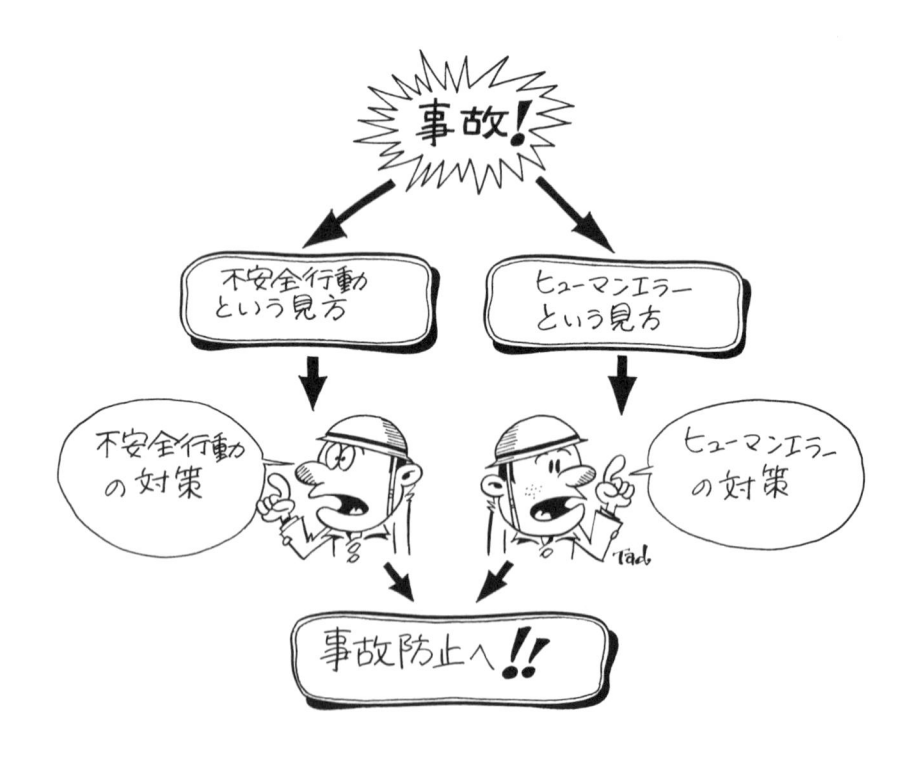

安全の科学知識①ヒューマンエラーと不安全行動　出典 *3

心理学のヒューマンエラー・不安全行動：ジェームズ・リーズン
『計画されて実行された一連の人間の精神的身体的活動が、意図した結果に至らなかったもので、その失敗が他の偶発的事象の介在に原因するものでない全ての場合』

のっけから、わかりにくい文章です。この文章の形容詞をできるだけ省いて読むと「人間の活動が、意図した結果に至らなかったもの」となります。普通にいうと次のようなことでしょうか…。
「おっと、いけない、しまった、そんなつもりじゃ、まさかこんなことになろうとは……」

人間工学のヒューマンエラー・不安全行動：M・サンダース、A・マコーミク
『システム・パフォーマンスを阻害する、あるいは阻害する可能性がある、不適切または好ましからざる人間の決定や行動』

人間工学では人間と機械をシステムの構成要素と考えます。そうして人間側の要因（ヒューマン・ファクター）でシステムにトラブルが起こることをヒューマン・エラーと呼びます。

産業現場のヒューマンエラー・不安全行動：芳賀繁氏
・ヒューマンエラー
『人間の決定または行動のうち、本人の意図に反して人、動物、物、システム、環境の、機能、安全、効率、快適性、利益、意図、感情を傷つけたり壊したり妨げたもの』
・不安全行動
『本人または他人の安全を阻害する意図を持たずに、本人または他人の安全を阻害する可能性のある行動が意図的に行われるもの』
（「失敗のメカニズム」芳賀繁　出典 *3　『　』部分）

5.03 どうする不安全行動
要因を探り、対策を練る

まず「不安全行動」の探求に取り組みましょう。人はなぜ不安全行動をとるのでしょう？

次のものが要因として知られています。

> **安全の科学知識②　不安全行動の要因**
>
> 不安全行動を、「危険（＝リスク）」の観点から分析すると、
> 要因1 「危険（リスク）の知覚」がない
> 要因2 「危険（リスク）の評価」が低い
> 要因3 「安全行動に損（デメリット）」がある
> 　　　＝「危険（リスク）に得（メリット）」がある
> 　　　　　（出典 *3　P138 〜 P140 を箇条書きに構成した）

不安全行動にはいくつかの要因があるようです。順に事例をあげて原因と対策を考えていきましょう。

要因1　「危険（リスク）の知覚」がない

（事例1）　足場からの転落事故があった。転落した高さは 2 〜 4 m。つまり鳶工の間で昔から知られている「魔の二段目（高さ　約 3.6m）」である。この高さでは危険をあまり感じない。

（事例2）　トラックの荷台から転落した。こんな高さからの転落でまさか死亡事故になるなんて…。

5.03 どうする不安全行動

　心理学の教えるところによると、人間はまず「危険（リスク）を知覚」してから、次のステップとして「危険（リスク）の大きさを評価」し、それからどういう行動をとるかを決めるそうです。

「危険を知覚」　→　「危険の大きさを評価」　→　「行動の決定」

　したがって、なによりまず「危険（リスク）が知覚」されないと、不安全行動に直結してしまうようです。
　最近、安全管理の第一線でささやかれる言葉に「未然に防がれた事故は見えない」というものがあります。言葉の意味は次のようなものです。

> 「未然に防がれた事故は見えない」：
> 設備・教育・マニュアルなど事故対策が進展するにつれ、事故は減少している。しかしこれらにより危険を感じないままに事故が未然に防止されているため、日常の危機感が減少する。そこでちょっとした管理の隙をついて発生する事故はいきなり大事故となる。

つまり現場から危険が減ってきたから事故が発生するというのです。これでは立つ瀬がありません。では、どうすればいいのでしょうか。

(対策1) KY（危険予知）活動

KY活動を首唱し、その指導により大きな貢献をされた田辺肇氏の著書（出典 *1）にこんな言葉が続出します。

- 危険な状況を「危ないぞ」と感じる感覚が危険感受性で、危険予知活動はその危険感受性を磨くためのものである。
- どんな危険があるかを、一人ひとりが考え、できれば何人かの仲間と一緒にホンネで話し合って、危険を危険と気づく。この危険を危険と鋭く気づこうという活動が危険予知活動である。
- 「やっぱりこれは危ないぞ、何とかしなくては」という気づきが行動につながるのである。

このように、KY活動の本質は「あぁ危険だなと肌で感じること＝危険（リスク）の知覚」にあるようです。

ということは、強制されるKY、職長一人でKYボードに書くKY、単に唱和するだけのKY、数種の日替わりメニューが用意してあるKYなんかでは、なんら効果がないということなのでしょう。

(対策2) 4S運動

4Sとは整理、整頓、清掃、清潔で、一般工場ではこれに「しつけ」を足して5S運動として広く行われています。

「汚い現場は事故が多い」といわれています。「整理、整頓がどうして安全活動なんだ」というような疑問には、「乱雑な現場では危険が分からない＝危険（リスク）が知覚されない」と考えると良いのでしょう。

要因2 「危険（リスク）の評価」が低い

（事例3） 上下作業禁止を基本的なルールとしてあったのに、解体中の型枠

支保工の下が近道なので通ったところ、飛来物で重傷を負った。まさか落ちてくる物に当たるとは思わなかった。

（事例 4） 鉄筋のさし筋部にキャップをつけておくようにいわれたが、テープを巻いておいた。足を滑らした作業員がさし筋の上に落ち、大腿部を貫通した。まさかこんな大怪我になるとは思わなかった。

危険（リスク）の評価とは「どのくらい危ないと思うか」であるが、その大きさは「発生確率×損害の大きさ」といわれています。

危険（リスク）の大きさ：「発生確率×損害の大きさ」

つまり（事例3）は発生確率を低く見積もったもので、（事例4）は損害の大きさを甘く見たためと思われます。

では、どんなときに「危険（リスク）の評価」が低くなるのでしょうか。

人間の行動についての見解によると、次のような場面で「リスクの評価」が低くなるそうです。

（場面 1） 人間は自分の都合の良い事象の確率を高く感じ、都合の悪い事象の確率を小さく見積もる傾向がある。

　　…なるほどそれで「宝くじは買っただけで当たったような気になるし、事故に

合うのは相当運が悪い」と思う。
(場面2) 急いでいるとき、何かに気を取られているときには、損害を小さく見積もる。
　　…「急いでいるときに限ってうまくいかないのは、リスクを小さく見ている」ってことでしょうか？
(場面3) 自分に身近な損害は高く見積もられても、社会的な損害は小さく見積もる。
　　…「自分の目の前のごみ（障害物）は気になるが、関係ないところではさして気にならない」
(場面4) 安易な経験の応用
　　…「人は他人の事故例を自らのものとして水平展開するのではなく、今まで自分が大丈夫だった経験を水平展開する」

「危険（リスク）の評価」には相当な困難が予想されます。では、正しい「危険（リスク）の評価」につながるような対策はあるのでしょうか。

（対策3）「安全教育」 …（場面1）から考えられる対策

「安全教育」は「事故の確率・損害」を伝え、「危険（リスク）の評価」を正しくしてもらうために利用できそうです。どういうときにどういう事故がどの程度あるか、損害はどんなふうかなどを機会を見つけて周知することにより、自分の都合で事故の確率を見積る傾向を是正しておく効果が期待できます。言葉を換えれば「正しい情報の提供」です。「安全教育」を「道徳教育」とするのでは効果がないのかもしれません。

（対策4）「連絡調整会議・安全施工サイクル」…（場面2）から考えられる対策

「作業日程を慌てたものにしない」あるいは「作業の交錯を排除し、他のことに気を取られたりしない」ようにするためには、毎日の「連絡調整会議」が良さそうです。作業相互間の調整を行うことは、実は工事の進行のためではなく、「安全活動」として必要であるということでしょう。

連絡調整会議が「工程を急がせる会議」になっていないでしょうか。一日中仕事の進捗に追われているようなときにこそ、「安全施工サイクル」によって頭を切り替えて安全を見直す機会をつくることができるのでしょう。

（対策5）「罰則の強化」…（場面3）（場面4）から考えられる対策

説明してもなかなか分かってもらえそうもない人でも、「見つかったらしかられる」「罰が大きい」というような直接的に自分に関わる危険（リスク）は強く感じるようです。

したがって「リスク感覚ゼロ」ではないかと思える人や、「安易な経験の応用」をしようとする者、あるいは十分に教育する余裕がなく、しかも緊急度を要する場合などには「罰則の強化」や「取り締まり強化」も有効でしょう。ただし、その効果にはそういう場合に限られるのかもしれません。

要因3　安全行動に損（デメリット）、危険（リスク）に得（メリット）

今一度、確認をすると「安全行動の損（デメリット）」により危険な行動がとられるまでは、次のような経緯をたどります。
① 危険（リスク）が分かる **（知覚）**
② 危険（リスク）を回避する行動の手間、コストを見積もると、これらが大きいことが分かる **（評価）**
③ そこでできれば避けたいと考える。
④ 一方、危険（リスク）をおかして得られる価値は大きい **（比較検討）**
⑤ だから、意図的に危険（リスク）の伴う行動を選ぶ **（判定）**

（事例5） 脚立が変形していたのは知っていたが、作業があと少しだったので、(取り替えるのが面倒で)そのまま使っていたらバランスを崩して転落した。
（事例6） 親綱の取付位置が良くないと思ったが、作業途中だったので、後で付け替えようと思っていたら、その前に墜落した。
（事例7） 昇降設備を使わず(危ないと思ったが)枠組足場の筋違いを降りて

いて、転落した。

(事例8) すぐそこの階段を降りず、（少しの回り道が面倒で）80㎝を飛び降りて骨折した。

危険（リスク）によっぽどの得（メリット）を感じたのでしょうか…

(事例9) 立ち入り禁止を明示するロープがあったが、その中に入って機械と接触した。そういえば、この現場ではみんながよくロープをくぐっていた。

さしずめ、

> 赤信号、みんなで渡れば怖くない＝「心理的ブレーキが小さい」

というところです。この種の事例にはこと欠きません。

対策としては、次のようになるでしょうか。

（対策6）　作業設備の改善
・利用しやすい箇所に昇降設備を設ける。
・使い心地の悪い保護具を改善する。
・作業標準の非効率なところを見直して改善する。
・枠組足場の筋いの形状を変更し、昇降できないようにする
・損傷した仮設機材は直ちに廃棄し、新しいものと取り替える。

人間は「自分では悪いと知っている」からといって、常に正しい行動をとるわけではありません。「駆け込み乗車」を一回もやったことがない人も少ないでしょうし、教育で「駆け込み乗車」をしない人にすることもとても難しそうです。

ところが、「赤信号での横断」や「駆け込み乗車」などは、周りの人々の影響を強く受けるのだそうです。つまり、ひとりではやらない人もみんながやっていればついつられてやってしまうのがほとんどらしいのです。

それならば…。

(対策7) 朝礼、会合、ポスター（ルールの周知）

　ひとり一人は「悪いことは分かっている」のだとしたら、ひとり一人に注意しても効果がないでしょう。逆に周囲の目で最初の「ひとり」を発生させないことのほうに効果がありそうです。

　だとすれば、「ルールをみんなが共通して知っている」必要があります。そして、そのためには「朝礼、会合、ポスター」などで全員に同時にルールをはっきりと示しておかなければなりません。現場のリーダーの強い意志を全員の前で示すことが不可欠なのです。

(対策8) 物理的にできなくする

　（対策7）「ルールの周知」ではいまひとつ「精神的」なものに頼っているという不安感があります。ここはひとつ「物理的にできなくする」方法を指向したいものです。

　階段から電車までの距離を長くしておくと「駆け込み乗車」は減るそうです。長いと走る気にならないのでしょう。

　「立ち入り禁止」もロープでなくフェンスになっていれば乗り越えられないでしょう。「物理的にできなくする」ことは常にそんな方法があるわけではないのでしょうが、あきらめずに探してみることも大切です。意外に良い手を思いつくものです。

(対策9) 情報の開示

　赤信号があとどのくらいで青に変わるかを表示する信号があります。これがついている交差点では、赤信号での横断は少ないようです。

　これは情報が開示されるほうが、納得性が高まるからでしょう。

　これを応用すると、ただ「立ち入り禁止」と表示されるより、「型枠解体中」「上部でコンクリート取り壊し作業あり」とするほうが効果的と考えられます。

　つまり、「リスクに関する情報開示」です。できれば、できるだけリアルなのが良さそうです。「先日、ボルトが落ちました」なんてのはどうでしょう。いや、これは危なすぎますか…。

さて、最近はさすがに「危ないほどカッコイイ」なんていう鳶さんもいなくなったでしょうが、「がんばってしまう」人もいます。また、気の利いた職人さんほど、危険を承知で効率を狙うものです。
　こんな場合には、

（対策10）　やってはいけない作業に「クギ」をさす。

　ことをお勧めします。これを欠かしたばかりに、それまでの安全成績をフイにしないよう願っています。

　さてここまで、事例をあげて対策を並べてきましたが、これらはすべて「安全行動の損（デメリット）」あるいは「不安全行動の得（メリット）を減らそうというものです。こういった対策が原則で、まずこれを行うことは当たり前なのです。
　それはそのとおりなのですが、こういった対策だけで不安全行動がなくならないとところに課題があるのです。このことについて、次節で改めて考えてみたいと思います。

5.04 なぜ不安全行動
「リスク水準」で事故を減らす！

　これまで不安全行動の要因と対策について見てきました。しかし、「本当にこういった対策だけで不安全行動がなくなるのだろうか？」とそんな疑問をお持ちの方もおられるでしょう。ここに、「不幸保存の法則」という言葉があります。この言葉が示す事象は、次のように説明されています。
「さまざまな安全策を施して一時的に事故は減っても、**人々の「リスク水準」が下がらない限り**事故が減った分だけ人々は不安全行動をとり、結局、事故率はもと数値に戻る」。身近なところでは「せっかく道路、車をよくして安全になったのに、スピードを上げたり不注意になったりで、結局事故は減らない」などの例があげられます。

> **安全の科学知識③＝「事故が減らない」ことを説明する仮説**
>
> ○ジェラルド・ワイルドの「不幸保存の法則」　出典*3　P155〜P158
> 　人は「知覚したリスク水準」を「許容しうるリスク水準（の目標値）」と比較し、両者の差を解消するような行動をとる。
> 　そして、人々が選択した行動の長期的集積が発生する事故率をもたらす。この事故率は時間的な遅れを持って人々にフィードバックされ「知覚されるリスク水準」に影響する。

　「学説としての正しさが証明されているわけではない」とされているのですが、妙に納得してしまう考え方です。
　「不幸」から抜け出すひとつの可能性は「人々のリスク水準が一定だったら」という条件にあるように思われます。つまりこの説によると、さまざまな安全対策で安全度を高めただけではだめなのであって、より安全になった分だけ、それと同時にみんなが「これは危険と感じる水準（リスク水準）」を引き下げて

いかなければならないということになるのです。
「リスク水準」が低いと事故が防がれていると思われる例があります。

> ——家庭生活での過失災害について事例説明(略)のあと——
> こうしてみると不安全行動だらけの家庭内として事故率は非常に少ないといってよいだろう。私どもが日常体験しているミスの頻度からみて、なぜこうも少ないのだろうか。恐らく1件の爆発や火災が起こる間に、ガス漏れに気づいて止めたといったニアミス、——(中略)——中には爆発寸前といったヒヤリ体験をさせられているのではないか。そんな怖い体験が1回でもあれば、プロパンガスの取り扱いに不安や恐れをもち、それが無意識のうちに不安全行動の後始末をさせている。どこかでリスクを感じているから、最も不安全であるべき家庭内でこれだけ低い事故率を保持しているのだろうと、私は考えている。
> 　　　　　　　　　　　　　　　　　　　橋本邦衛氏　出典 *2　P200

確かに、家庭には作業標準があるわけでもなく、罰則があるわけでもありません。やはり「これを危険と感じるリスク水準」が家庭にいるときはかなり低いのではないでしょうか。家庭内にあるものは自分の家族であり、自分の部屋であり、自分の財産であるからでしょう。

場面によって人々の「リスク水準」が下がるとしたら、これを意図的に下げることができるかもしれません。では建設現場において「リスク水準」を家庭内と同様までに下げるには、どのような対策があるのでしょうか。

(対策11) ヒヤリ・ハット運動、シミュレーション＝怖い思いをする

ヒヤリ体験が「リスク水準」を引き下げるのだとされます。それならば各自のヒヤリ・ハット体験をオープンにすることにより、その情報に基づいて多くの人が自分のリスク水準を引き下げることに期待できないでしょうか。

そのためには、できるだけ身近な場所で起こった、身近な人のものが良さそうです。それによって、「現場では少々のことは危なく感じない」という状態から「やっぱりこれは危ないんだ」という方向に感覚をシフトしたいものです。つまり、「ヒヤリ・ハット体験」の共有です。反対に、ヒヤリ・ハット運動が間違い探しや犯人探しになってしまうと、効果は期待できそうにありません。

また、実際に事故を経験しなくても、シミュレーションによって人工的に「怖い思い」をしておくことは「リスク水準」を引き下げる効果がありそうです。特に事故を経験することが少なくなっている昨今の現場においては、より必要性が高いと考えられます。

(対策12) 職場風土の改善＝全員参加型へ

　安全運動を一部の人のみが一生懸命やって、一見きれいな現場ができても「ジェラルド・ワイルドの不幸保存の法則」によれば、その分は不安全行動で消費されてしまいます。このため、同時に全員の「リスク水準」を下げておく必要があります。例えば職場の風土を全員参加型とし、目標を共有することができれば、結果として「リスク水準」を下げられる可能性があります。

　このことは、別の表現をすれば「やらせる安全・やらされる安全からの脱却」ともいえます。「AはBに安全管理をやらせ、BはAから管理をやらされている」という意識が生じているところでは「リスク水準」を下げることなどは無理な相談でしょう。安全管理をやらせるばかりのAには「管理部門」はもちろんのこと、「現場所長」でも「工事担当者」でもあるいは「作業主任者」でもありえます。この関係は「私（A）はこれをやるから、貴方（B）はこれを頼む」というものに改善されなければなりません。つまり、各々が自分のできること・することを行うという関係になることを意味します。と同時に、そういう関係を築いていくことでもあるでしょう。

- 「職長の再教育が必要」と考えた安全担当のA氏は、全職場の職長再教育を三年がかりで自ら行った。
- 「重機の接触防止装置が有効」と考えた機械部門のB氏は、全国の重機にその接触防止装置をつけていった。
- 「まず作業員とのコミュニケーション」と考えたC氏は、毎日必ず何らかの形で全員に声をかけた。

　これらの例は、対策の是非を議論する以前に、各々が自分のできること・すべきことを行うという職場の風土こそが、対策が効果を発揮できる前提であることを教えてくれます。

5.05 ヒューマンエラーが生まれるとき
「間違い」は減らせるのか？

次に安全を脅かすものとして「不安全行動」と並ぶ、「ヒューマンエラー」の捉え方とその対策について調べてみたいと思います。

5.02節でみたように、
「不安全行動」＝**危険だと知りつつ、意図的に行われたもの**
「ヒューマンエラー」＝**意図に反して、安全を妨げたもの**
とされています。

まずヒューマンエラーを扱う本であればどれにでも載っているほど有名な、旧国鉄・鉄道労働科学研究所の橋本邦衛博士が唱えられた「フェーズ理論」を説明しておきましょう。同博士が脳波のパターンとヒューマンエラーの関係に着目して提唱されたものです。

安全の科学知識④ 意識レベルに関するフェーズ理論

1）意識レベルの段階分け

フェーズ	意識のモード	注意の作用	生理的状態	信頼性
0	無意識、失神	ゼロ	睡眠、脳発作	0
I	意識ボケ subnormal	不注意 inactive	疲労、単調、いねむり、酒に酔う	0.9以下
II	リラックス rerax	心の内方に向う passive	安静起居・休息時、定例作業時	0.9～0.999999
III	明晰 clear	前向き注意野も広い avtive	積極活動時	0.999999以上
IV	過緊張 excited	一点に凝集、判断停止	緊急防衛反応、慌て→パニック	0.9以下

2) フェーズⅡで起こりそうなエラー行動の類型
・確認するまでもないと信じて点検せず、間違えた。
・前にも成功したので今度も大丈夫と判断した。
・相手は知っていると思い、連絡せずにやった。
・近道反応、短絡動作、危険だと承知していたが、その瞬間忘れた。

橋本邦衛博士による大脳生理学に基づくフェーズ理論　出典 *2

　この理論では「エラーは『意識レベル』に依存する」と考え、このため『意識レベル』を区分し、その区分に応じた対策をとります。『意志レベル』はフェーズ０からⅣまでの５段階に分けられ、あるフェーズから別のフェーズへの移行は、連続的でなくジャンプするといわれています。

　これらのフェーズの中で最も信頼できる行動をとるのは、『意識レベル』がフェーズⅢにあるときですが、家庭内での日常生活や職場での通常の作業はおおむねフェーズⅡで行われているといいます。むしろフェーズⅢに長い間いることは大脳の生理上は不可能で、一日の作業時間のうえでせいぜい1/4にすぎないということです。

　加えて、無理にフェーズⅢを続けさせようとすれば疲労が蓄積して、無意識のうちにフェーズⅠに落ち込むことさえあるというのです。また、パニックになったフェーズⅣでの信頼は「意識ぼけ状態」のフェーズⅠと同じになってしまうらしいのです。

　以上のことから、次のような対策が考えられます。

（対策13）　指差呼称、一声かけ運動

　「『意識のレベル』をフェーズⅡからフェーズⅢへシフトアップする」ためには、指差呼称が効果的です。同様の効果は「一声かけ運動」でも期待できます。ところが、その利用にあたっては**「あまり頻繁に指差呼称をやってはいけない」とされていることをご存じでしょうか。**

　つまり、指差呼称の効果は「意識のレベルをフェーズⅡからフェーズⅢへシフトアップする」ことにあるのであって、フェーズⅢを維持させるものではな

CHAPTER 5 安全管理を検証する

フェーズⅡ

フェーズⅢ

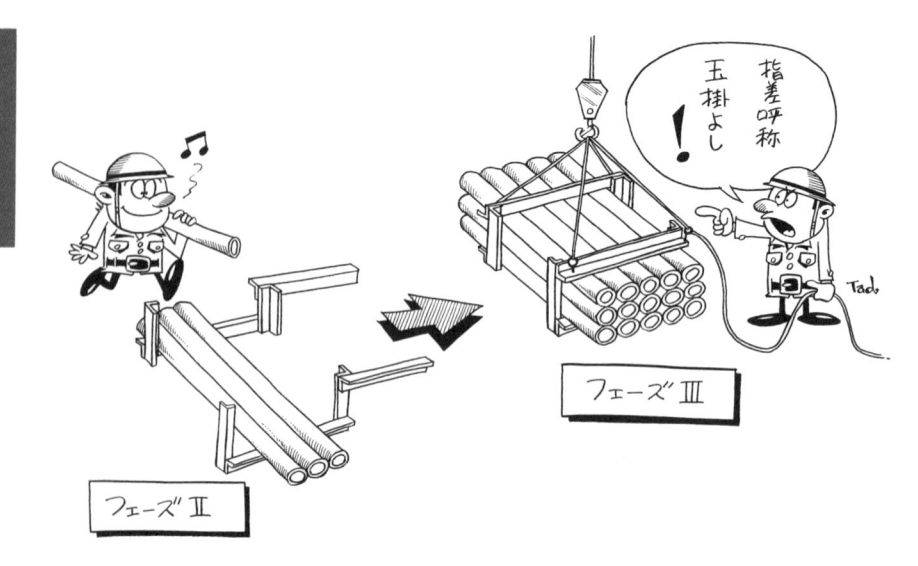

指差呼称
玉掛
よし
！

　いのです。必要以上にフェーズⅢを強制しても長続きせず、肝心なときにフェーズⅢへ切り替えられなくなるばかりか、かえってフェーズⅠに落ち込むというのですから怖いものです。したがって、通常はフェーズⅡで作業をできるようにしておき、時期と場所を選んで「指差呼称」を行い、フェーズⅢへの切り替えを図るのが正しい方法といえます。

　このように橋本邦衛博士の意識レベルについての見解では、フェーズⅢを前提に、注意力に頼った安全管理は不成功となることになります。つまり、「注意力が散漫だ！」「気がゆるんでる！」などは本人のせいというより、そのように仕向けられたからだということになります。

　このことは「エラーを減らす対策」と並んで、エラーをおかすことを前提に、「エラーをしても事故に至らないしくみ」に、取り組むことを促がしています。

5.06 ヒューマンエラーに負けない！
その「しくみ」とは？

　ヒューマンエラーを避けることのできないものと考えると、エラーをしても事故に至らない「しくみ」が必要と思われます。
　ではどのような「しくみ」が可能なのでしょうか。その検討には、ヒューマンエラーがどこで起きたかについての、次の分類が役に立ちそうです。

安全の科学知識⑤ ヒューマンエラーの分類と対策

分類	（入力エラー）認知・確認のミス	（処理エラー）判断・記憶のミス	（出力エラー）動作・操作のミス
内容	見間違い	考え違い・勘違い	やり間違い
対策	情報表示の改善	教育	機器の改良、訓練

　これらの分類は化学プラント等の事故の分析に使われているものです。この

方法の優れた点は、ミスといってしまえばそれっきりになってしまいそうなものを、どの段階でそのミスが発生したかを分類することにより対策がみえてくるところにあります。

これに則って、次の事例についてその原因と対策を考えてみましょう。

(事例10)
気づかずに開口部の直下に入ってしまい、上から資材が落ちてきて受傷した。
→(原因)「認知・確認のミス」
＝(対策)「情報・表示の改善」
　開口部の表示方法を変え、警報音を鳴らす。

(事例11)
玉掛けワイヤーを自分がいるほうと反対側から、クレーンの巻き上げ操作で引き抜こうとしたところ、荷物が自分の方へ崩れてきて挟まれた。
→(原因)「判断・記憶のミス」
＝(対策)「教育」玉掛け者を再教育する。

(事例12)
ミキサーの清掃中に電源が入ったままになっているのに気づき、同僚が電源を切ったところゲートが下りてきてはさまれた(ゲートは電源が切れると下りる仕組みになっていた)。
→(原因)「動作・操作のミス」
＝(対策)「機器の改良、訓練」
　電源を切ってもゲートが下りないようにする。機器の操作方法を訓練する。

ミスを分析し原因と対策を明らかにすることは必要かつ重要な作業です。しかし、「人間はエラーをする動物」なのです。このため、エラーの発生を防止すると同時に「エラーをさせないのではなく、エラーが事故に結びつかない(橋本博士の言)」方法に変えていくことも同様に重要なはずです。

そこで次に、「エラーを事故に直結させないため」に各方面で研究されてき

たいくつかの手法について、建設現場でどのように生かせば良いかについて考えてみましょう。

（対策14）　やってもらわなきゃならぬフェイルセイフ
【フェイルセイフ：事故など異常時に安全側に作用するしくみ】

　　例：クレーンの「モーメントリミッター」「安全帯」
　　　　　「ヘルメット」「つっかえ棒（倒れ留め）」「シートベルト」
　欠点：「使えばいいのに使わない」

　建設現場で使われているクレーンの「モーメントリミッター」と「安全帯」は、事故など異常時に安全側に作用するしくみであり「フェイルセイフ型」システムの代表でしょう。「ヘルメット」や「つっかえ棒（倒れ留め）」などもこれに相当するでしょう。一般の例でいえば「シートベルト」でしょうか。実際に「モーメントリミッター」や「安全帯」によりエラーが災害につながらなかった成功事例は数多くあり、その有効性は十分に認められているはずです。

5.06 ヒューマンエラーに負けない！

ところが大きな問題点があります。それは、これらのフェイルセイフ型システムは『地震に対する備え』に似て、実際に役に立つことはむしろ「まれ」なのです。このため、やっているうちにばかばかしくなり、次第に「効果がない」と言い訳をつけて、やらなくなってしまうのです。そうした頃、すなわち「忘れた頃」に事故が発生するという性格をもっています。つまり、フェイルセイフ型システムは使えばいいのに使わなくなってしまうのです。

他の産業分野でも同様らしく、例えば**「デッドマンペダルの失敗」**というものがあります。これは米国の機関車の運転台などにつけられていたそうで、万一機関士が急死しても列車が暴走せずに停止するよう、ペダルを踏んでいるときだけ列車が走るというものだったようです。想像がつくと思いますが、運転手はペダルを踏み続けなければならず、「それが機能するのは自分が死んだときだけ」なので、ペダルの上に箱をおくという違反が続出し、実際にはあまり機能しなかったそうです。

したがって、フェイルセイフ型の対策では、使用に抵抗のないように機器を改善することが必要で、「より使用しやすい安全帯」や「(センサーなどにより)必ず回復するモーメントリミッター」などが望まれます。あえていえばこのタイプのシステムは、使用するほうがその気になったときに最も大きな効果が得られるものでしょう。

(対策15) フェイルアウトな見張り型システム

【フェイルアウトは、フェイルセイフの反対、すなわちミスが事故につながるもの】

例: 「見張り所」「火の見櫓」「門番」
「列車見張り員」「煙感知器」「ガス警報機」
「合図」(玉掛け者の作業を合図者が「見張」っていて、合図を送る)

欠点: 見張りシステムの最大の欠陥はフェイルアウトであることである。見落とすと事故(失敗)に直結する。

見張りによって安全を確保しようという手段はあちらこちらに見えます。すぐに思いつくのは、映画にでてくる刑務所にある「見張り所」です。そう、あ

5.06 ヒューマンエラーに負けない！

の塔の上で脱獄を見張るものです。似たようなものに「火の見櫓」、「門番」なんてものもありますが、例題としてはいささか古く感じます。では、今はないのかというとそんなことはありません。「煙感知器」「ガス警報機」などが見張り型システムでしょう。工事関係では、鉄道工事での「列車見張り員」がよく知られています。列車が近づくと笛などで作業員に合図を送るのです。

すぐには分かりにくいかもしれませんが、クレーン作業も見張りシステムがあって初めて成立します。玉掛け者の作業を合図者が「見張」っていて、合図を送るのです。

この見張りシステムの最大の欠陥は、フェイルアウトであることです。つまり見落とすと事故（失敗）に直結するのです。したがって、できるだけこのシステムを避けたいところなのですが、やむを得ない場合も多いでしょう。そこで、フェイルアウトにならないような工夫が大切になります。

例えば、クレーンの合図では「スラー（巻下げ）」と言っている間はクレーン操作をして良く、声がなければ操作をしないことになっています。同様の合図をバスの後退誘導でも見受けます。危険なときに笛を吹くのではなく、笛を吹いていることが安全の合図で、合図がないと危険と判断します。

このように、見張りをつけたから大丈夫と安心していないで、フェイルアウトにならないような工夫が必要なのです。

（対策16） 本当に二重か、ダブルチェックシステム
【ダブルチェックシステムは、エラーが発生する可能性があるので、ひとつの方法に安全確認を頼らず、複数の方法で安全を確認するシステム】
　　例：「燃料メータと残量警告ランプ」
　　　　「二人でチェック」「計算や測量のダブルチェック」
　欠点：気づかないうちに一重になってしまう。特に人間同士がチェックし合う関係は、日常業務を通して相互に強い信頼関係ができてしまうので、独立系としては働かずに一重系にしかならない危険性がある。このシステムは、その機能を維持し続けるのが難しい。

　例えば電気溶接機の電源が作業場所から離れたところにあり、一人では切り忘れるおそれがあるので二人でチェックすることにしたとしましょう。この場合、はじめのうちはうまく機能しますが、そのうち信頼関係ができると「あいつがやってくれているに違いない」という相互依存の状態になってしまいがちです。そのあげく、ある日ダブルチェックシステムにより必ず切れているはずの電源が入っていて別の作業員が感電する…！

　人間同士がチェックし合う関係は、日常業務を通して相互に強い信頼関係ができてしまうので、独立系としては働かずに一重系にしかならない危険性があります。

　機械が相手の場合でも同様のことが起きるようです。

　ＡＴＳ装置というものがあります。これは運転手が信号を見落としたときに警報を発するように作られていました。つまり、赤信号の前ではいつも必ず警報が鳴るわけです。したがって、そのうちに運転手には「ＡＴＳが鳴らなければ信号は赤ではない」という先入観が育っていき、いつのまにか「信号は見なくても同じ」といった意識の逆転が起こってしまいます。ある日のこと、ＡＴＳ装置の電源を入れ忘れました。このためあまり信号を見なくなっていた運転

手はＡＴＳ装置が鳴らないのでてっきり赤ではないと信じ…（もちろんこのシステムは現在では改良されているそうです）。
　ダブルチェックシステムは、その機能を維持し続けるのが難しいものです。

（対策17）　できれば欲しい、バックアップシステム
【バックアップシステムは、同じ働きをする部品やシステムを複数用意して、ひとつのものがうまく機能しなくても別のものが代わりに機能を果たすようなしくみ】
　　例：「車輪の車止め」（ブレーキシステムのバックアップ）
　　　　「コンピュータのバックアップファイル」
　　　　「予備の供給システム」（電力、給水、排水など）
　欠点：　費用がかさむ。常時使用されない機能を定期的に点検する必要がある。

　先のダブルチェックシステムに似たものに、バックアップシステムがあります。共に複数から構成されるシステムですが、前者はあくまで同時並行で二つのシステムが稼働しているのに対して、バックアップシステムは、主たるシステムが機能しなくなったときに別のシステムが機能するものです。
　車輪の車止めなどの例があります。これなどは他にストッパーやブレーキシステムがあるのが前提です。
　設置、維持、点検に費用を要しますが、重要ポイントには欲しいシステムです。

（対策18）　何とか使いたい、バディ・システム
【バディ・システムは機能の不完全を互いが補うために、必ず二人で行動するシステム】
　　例：「スキューバダイビングのバディ・システム」「一人作業の禁止」
　欠点：　利用する習慣、文化を育てる必要がある。

　スキューバダイビングの世界で採用されていることで有名です。必ず二人で行動し、その目的は緊急時にお互いが助け合うことにあります。機械の信頼度

はどんなに高くても完全なものではありません。しかしダイビングではその機械に命を預けているため、機械の不完全さを補うシステムとして利用が広まったのだと考えられています。

　建設現場では、これに近いものに「一人作業の禁止」というルールがあります。人間は一人でいると、ふと自分の「リスク水準」が甘くなるときがあるようです。例えば経験豊かな職長さんが、ひとりで何かをやっていて事故になるケースが多いのもこのためではないかと思われます。相互の責任の問題、組織のリーダーシップの問題もあるでしょうが、建設工事でも何とかバディ・システムの適用を広めることができないものでしょうか。

（対策19）　フールプルーフを故障と思ってしまうのは？
【フールプルーフとは「馬鹿よけ」、間違ったことをさせないしくみ】
　　　例：　一般の商品では、
　　　　　　「レンズカバーが閉まっていると切れないカメラのシャッター」
　　　　　　「反対方向には入らないフロッピーディスク」
　　　　　　「蓋を開けると止まる脱水機」
　　　建設現場では、
　　　　　　「非常停止用ボタンのカバー（一般にカバー）」
　　　　　　「大きな電流が流れると電気を遮断するブレーカ」
　　　　　　「負荷がかからないと回らないミキサーの羽根」
　　欠点：故障と思ってしまう。

　車輪にストッパーという機構がついているものがあります。移動中は解除し、停止中はロックします。これなどは移動時にハンドルを握るとストッパーが解除され、停止時にハンドルから手を離すと同時にストッパーが作用するような機構に改善されるとフールプルーフといえます。もう少し高級なところで「運転席に座らないとかからない重機のエンジン」なども作れないでしょうか。

　これらのしくみは、いまの技術をもってすると何でもできてしまうような気

がするものです。ところがその機能を知らないと故障と思ってしまう欠点があります。その結果、無理やりに動かそうとして危険な操作をしてしまう例が多くあります。したがって、こういった装置の付いた機械は使用前に必ずその機能を稼働させて、稼働状況を実体験しておく必要があります。

（対策20）　警報システムは危険検知型から安全確認型へ
　　例：「鉄道の遮断機についている警報機」
　　　　　「バックすることを知らせるブザー」
　　　　　「建設現場で吊荷が下りてくることを知らせる回転灯や警報音」
　　　　　「クレーンの過巻きを警告するブザー」
　　欠点：それにより相手が危険を察知して回避してくれることを前提としたフェイルアウトなシステム

　危険なことを知らせる警報システムも数多く見受けられます。これらは「危険」を教えてくれる大切な情報ですが、これらの警報機が正常に作動しないと、あるいは警報機は作動してもこれに気づかないと事故につながります。すなわち警報システムは、それにより相手が危険を察知してくれることを前提としたフェイルアウトなシステムなのです。
　例えば、警報機が安全確認型になると信号機です。また回転灯も危険を知らせるときに点灯するのではなく、安全なときは青、危険なときは赤と警報音というようになると安全確認型に近づきます。
　あるいは「ボルトをハンマーでたたく」というのは点検、すなわち危険検知型です。これに対して点検をしたボルトにペンキでマークを入れておき、ゆるみなどが一目でわかるようにしておくと安全確認型といえます。また、重機の鍵が抜かれていることを確認して回るのは危険検知型で、鍵を抜いてまとめて保管しておき、保管庫に鍵がないものは危険な状態にあると考えるのが安全確認型です。
　警報システムは、できる限り、危険検知型から安全確認型へ変えていきたいものです。

5.07 安全管理の最後に
行動やエラーの背後にあるもの

　事故が発生した場合には「事故の分析」が行われます。このとき通常は多数の事故要因を分析することから始め、事故の真の原因を究明し、効果のある対策を探ろうとします。

　もとろんこれが正しい手順なのですが、ここでは分析的手法ばかりでなく、もう少し違うアプローチも必要と考えます。なぜなら、いま私たちが抱えている問題は、もう少し普遍的なものに思えるからです。

　つまり、事例からエラーを探ると、人間はミスをする動物だということが改めて分かります。しかし、実際にはいつも命にかかわるエラーばかりをしているわけではありません。それでは命がいくつあっても足りないでしょう。つまり、エラーを誘う誘因があるのです。すなわち、エラーの背後には、また何かがあるものなのでしょう。右の列記したようなものが考えられています。

　これらの「エラーの背後にあるもの」を思い起こし、私たちの作業が「これで良いのだろうか」と、日々問いかけたいものです。

① 選択的注意　脳の情報処理能力の限界　注意力は、何かの方法によって必要な箇所で喚起しなければならない。しかし、注意力に頼る事故防止には限界がある。

② 自己の意識　自ら参画意識のないところでは安全活動は機能しない。改善提案やＴＢＭなど多様な手法によってコミュニケーションを活性化する。

③ スキーマ(Schema)　マニュアルの確認や作業計画事前検討を通してのインフォメーションを充実する。ただし、それだけではなく「行動を習慣（くせ）にする」ような活動も必要である。

④ 安全文化(風土、意欲)　良い行動は忘れずに評価し、職場のリーダーシップにより風土、意欲を改善し、安全文化を広める。

安全の科学知識⑥エラーの背後にあるもの

1. **選択的注意**：配分できる注意の全体量は一定で、どこかにたくさん使うと他で不足する。
   （例）注意のそれ、注意すべきでないものに注意が行く、脇見よそ見。

2. **脳の情報処理能力の限界**：人間は二つのことに同時に注意を集中できないし、記憶量には限界がある。
   （例）緊張するとミスが多くなる、突然の危険に出会うと判断できない、集中力は2分が限界、マニュアルを一字一句まで暗記して、緊急時に対応する箇所を思い出すのは困難。

3. **自己の意識**：自分の存在・価値を評価されたいという欲求
   （例）満たされると予測性、創造性、主体性を発揮するが、満たされないと怠ける・規則を無視する。

4. **スキーマ**：体が覚えている操作手順
   （例）初心者はスキーマが形成されず、難しい手順に気をとられて操作を間違う。

5. **安全文化（風土、意欲）**：
   （例）風土・意欲により不注意（油断、良く見てない、ちゃんと確認していない、適当にやった）が解消。

最後に、次の言葉でしめくくりたいと思います。

　個別の事故の具体的な対策をひとつひとつ例規集の形で増やしていくとファイルは際限なく増えて、非常に複雑怪奇なものになってしまう。根底になきゃいけないのは、科学的なものを見る目と、哲学だと思うのです。事故というものを実際にどうとらえて、その中で安全をどういうふうにすれば良いのか、その考え方ですね。
　　　　　　　　　　柳田邦男氏と橋本邦衛氏の対談から　出典 *2

PART ② 現場実践編

CHAPTER 6
現場の歩き方

ある所長いわく——、
「君、《ものを作る現場》では、先が読めるようになるかどうかで、決まるんだよ。」

この言葉は、《ものを作る現場》をいろいろに言い換えても成り立ちそうなことから、何らかの普遍的な真理を表しているものと思われる。

そこで、この現場の歩き方は「先を読むこと・予知について」から始めたい。

そうしてこの説明のためには失敗を語らざるを得ない。
——人はなぜ先を読むことの大切さに気づくかを。

CHAPTER 6　現場の歩き方

6.01 先を読むこと・予知について
全てのことに前兆あり

　建設現場に配属された建設会社の社員は、職人さんと会社の主任や所長とのかけ橋役となる。
　いわゆる監督さんの誕生である。
　ここからは新人監督A君の体験談となる。

・型枠係を担当し、高さ5mの壁の型枠を組立てた。コンクリートを打設して型枠を解体したところ…。壁が10cm曲がっていた！
・コンクリート担当として600㎥のコンクリートを出荷させ、打設したところ…。ミキサー車で6台約30㎥のコンクリートが余った！
・土工事担当として軟弱地盤の改良のために掘削機（バックホウ）を使用しようと誘導したところ…。掘削機械が軟弱地盤部分に沈んでいった。まるで底なし沼に入るかのように。

何か違う…

　多かれ少なかれA君と似たような経験をするものである。
　失敗の原因はそれぞれ「大工が測量線を取り間違えたため」であり、「渋滞に気を利かせてプラントが早めに出荷したため」で、また「機械・工法の選定を誤ったため」である？？？。
　本当だろうか。
　実はA君はうすうす感づいていたのだ。「何か違う」ことを。
・そういえば、型枠大工がこう言っていた。

「監督さん、ちゃんと墨にあわせておいたよ。でも上下合わせるのに力いっぱい引っ張ったよ。いやー大変だった。」（なんでそんなに引っ張らなくちゃいけないんだ？）。
・そういえばミキサー車の運転手が言っていた。
「いやー、大変な渋滞だよ。早めに出荷させなよ。」（渋滞の時は早めに出荷するのか？）
・そういえばＡ君自身も。
「明日の現場を見に行ってヘドロに長靴を取られちゃった。」
そうなのだ。前兆があったのだ。どの場合にも。ただその時はなんとなく聞き逃したり、見逃したり…。

全てのことには前兆がある。ただそのことに気づかないだけ。これに気づくことができれば「先が読める」。失敗が予測できる。事前に対策が取れる。
この時立て続けに失敗を重ねたことのおかげで、Ａ君は大切なことに気づくことができ、その後何度も救われたことは言うまでもない。

6.02 仕事は自分で作るもの
指示待ち族は許されない

　Ａ君は次に何が起るか予想することの面白さに取り付かれ、「先を読むこと、予知すること」を始めた。
・今日最初に現場に行くとおそらく鉄筋工の親父は○○の寸法を聞くだろう。
　　…調べておいて即答すると驚くぞ。
・明日は「○○部分に機械を入れよう」と主任は言うだろう。
　　…幅を計っておいて、「狭いのでだめです」と言おう。
・自分で測量杭を打つと、必ず手前に曲がる。

…地下連続壁なんて掘ったことないけれど、手前に曲がるに違いない。

などと、やっているうちにA君に目を留めてくれた人がいて、「ちょっと次の仕事やってみないか？」との展開があった。

ここからはB君のお話となる。

指示待ち族の大失敗

B君は現場配属前に設計課にいたこともあり、設計ができるということで諸先輩や上司から仕事を頼まれ忙しい毎日を送っていた。

彼はこう豪語していた。「いままで言われたことは確実にこなしてきました。」「問題をくれたら解決して見せます。」

さて何年かを経て、B君も初級管理者となり道路での下水管敷設工事を担当することとなった。下水関連はB君の得意分野で管路の設計から仮設計画・見積りまで熟知していた。

しかし工事開始初日からB君は頭をかかえることとなった。最初のひと掘りで電話回線を切断してしまったのだ。

復旧の手配をし、四方八方に謝り続け、夜になってから一緒に駆けずり回った所長が訊ねた。

「電話回線があることに気づかなかったのか？」

B君は答えた。

「はい。その問題について誰も私に指示しませんでしたから。」

B君がその後次第に疎まれていったのは言うまでもない。A君は、いや現場を見た誰もが気づいていたのだ、問題の箇所に何かの工事をして復旧した跡があったことを…。

ここで改めて、「仕事は自分で作るもの＝指示待ち族は許されない」と言いたい。

6.03 失敗から何を学ぶか
失敗は許されても失敗を見過ごすことは許されない

さて、C君はこのところ自分の悲運を嘆く日々を送っていた。
とにかく、つまらないのである。
設備会社の下請けとして、広い工場中のあちらこちらに機械の基礎コンクリートを打設するのだが、打設条件が異なるためかコンクリートを送る配管は毎日のように詰まる。
しかし誰も文句も言わない。何せ設備会社の設置する機械は1台数千万円、それに比べて基礎コンクリートは1箇所あたり数十万円。予定の期日さえ守れば2倍の費用をかけてもかまわないのである。工事をはじめてあと数ヶ月はこの状態が続く。

貴重な失敗のデータ

そんなある日、C君は妙なことに気づいた。
「普通はコンクリートを打設して配管を詰まらせると怒られる。そこでそうならないように安全策をとる。だからそうそう詰まらせた経験はないものだ。しかし、ここでは失敗しても構わないから配管を詰まらせるという失敗のデータが集まるんじゃないか。」
そこで、彼は貴重な失敗のデータを集積し、統計解析が得意な友人に教えられながら分析をすすめた。その後、この経験と成果を元に彼はこの分野のエキスパートと見なされ、「技術士」の資格を取得した。
もし貴方が失敗のデータを入手できたとしたら、それはこの上もなく幸運なことである。これを捨て置くのはあまりにもったいない。
もし貴方が不運が続くと嘆いているなら、あまりにもったいない。今その瞬

間に貴方の周りには、将来にはばたく貴重なデータがちりばめられているからである。

　C君は今でも恐ろしくなるそうである。もしあの時「配管が詰まるのは誰がやってもそうで、自分が悪いわけではない。」「でも、謝れば許すというのならそうする。仕事だから。」という行動をとっていたら…。
　おそらく、一生配管を詰まらせ続けていたんだなと思う。「世の中なんてそんなもんだよ。」と言い続けながら。
　失敗を見過ごすと、必ず同じ失敗が再来する。
　人間であるから失敗しないことは不可能である。
　しかし、失敗の原因を考えて、やり方を変えることは誰にでもできる。
　失敗は許されても失敗を見過ごすことは許されない。

6.04 やり方にルールなし・考え方にルールあり
常識のうそ

　さて、失敗の経験は貴重な財産であるというものの、そうそう失敗ばかりはしておられない。そこで「そもそも何をもってして失敗というのか」について考えてみたい。
　まず明らかなことは「計画」に対して「実績」が上回ると「成功」ということである。これを応用して「計画」と「実績」の「差」に着目すると、これはあって当然で、この「差」がプラスの場合とマイナスの場合があることに気づく。マイナスが許容限度を超えて大きいとこれが「失敗」だ。
　そう考えると明らかな「失敗」ではなくとも、「計画」と「実績」の差が「失敗」と同様に大事な情報を提供してくれることが分かる。この「計画と実績の差」には技術の進歩・改善の種子が存在し、問題意識を持って観察する人にはこれ

が見えるといわれる。

ところが、この**問題意識を持って改善を図ろうとする人の前に立ちはだかるのが「常識」というお化けである**。次にこの「常識」の持つ功罪について考えてみよう。

　D君は「ある都市の中心部に地下4階の構造物」を作る工事で構築を担当していた。他のビルと地下通路でつながり、また地下鉄の構造物と地下で交差する所もあるため、構造物の精度確保を重点問題と把握し、工事の計画を練っていた。

　そこでD君は捨てコンクリート（構造物の一番下に設ける、均しコンクリートともいう）の精度向上のために施工法の変更を提案した。捨てコンクリートは完成後には見えないためか、その精度についてこれまで軽んじられてきた。しかし「捨てコンクリートの精度の悪さがもとで、その上に組む鉄筋の精度が悪くなり、これを補うためにコンクリートの厚さにばらつきが生じ…」とこれが諸悪の根元であることに気づいたからだ。

　そこで細かいピッチでの測量と入念な仕上げを提案したのである。

　しかし、彼は轟々たる非難に包まれた。

　――いわく「捨てコンは、そんなに細かいピッチで測量しないのが常識である。」

　――いわく「普通は簡易に仕上げるものである。」

　――いわく「君の言う方法には、時間も費用もかかる。もしそれで精度の向上ができなかったらどうするんだ。」

　皆は「目的は正しいけれどね」とい言いつつ反対した。

　こうしてD君の提案は葬り去られた。

　D君は「常識である」「普通そうする」「そうするものだ」「そんなことをしてもし○○になったらどうするのだ」という言葉により、議論すらさせてもらえなかったのである。これらの言葉はそういう効果を持つ。

ところがこの話には後日談がある。実は隣接工区で他業者がこの入念な仕上げを実施して捨コンクリートの精度向上を図り、発注先の多大な評価を得たとの情報がもたらされたのだ。

ではＤ君たちの会社はどうしたのか。当然のように後を追って同じことをしたのである。今度は誰も反対しなかったのであるが…。

「常識のうそ」に気づくべし

Ｄ君の提案に対し「必要なコストに対して得られる効果が足りない」と考え、「提案を採用しなかったのはその時点ではやむをえない判断であった」とすることは一見正しいかと思われる。

しかし、新しいアイデアは「卵」であり、せいぜい「ひよこ」のようなものにすぎない。**技術の革新や進歩とは、いつも稚拙な所から始まり、逆に立派なマニュアルに標準化され議論が封じられた時に停止する。**

そう古くない昔、「車のボンネットは鉄板を曲げて作るのだが、現場合わせでないと合わない」ことが常識とされていたという。今は「それぞれ別々に作って組み合わせる」のが常識だ。昔の常識は今の非常識である。

したがって新しい提案をする人も聞く人も「常識である。」「普通そうする。」「そうするものだ。」「そんなことをしてもしこうなったらどうするのだ。」「できる訳がない。」などの発言に出会ったら、過去の成功体験に基づくだけにすぎない「常識のうそ」に気づかなければならない。

しかし、また一方で常識的方法については熟知しておかなければならない。なぜならそれは「常識」に対抗するためではなく、新しい方法は失敗の危険度も高く、火急の時にはすぐに常識的方法に戻らなければならないからである。

6.05 完璧な計画
その恐ろしさ…

問題解決のためにはまず計画が必要であることを前に述べた。
　E君はその計画の重要性を十分に理解したつもりであったが、ある時、そこには恐ろしい罠が待ち受けていることを知ったのであった…。

　E君の会社は急遽設備の基礎を作る工事を依頼された。得意先からの重要な案件で設備の据付け日が決められており、日程がない。このため来週の月曜日には地面の掘削・整地から設備を固定する金具であるアンカーボルトの取付け、型枠の組立て、コンクリートの打設までを一日で行わなければならない。作ろうとしている基礎は高さが50cm、一辺が10mの正方形であった。

　「まず計画が大事である。」ということで、早速取り掛かったE君が作り上げた計画は次のようなものであった。

```
 8：00    掘削機械が現場到着。掘削、整地開始
          あらかじめ砕石15㎥到着待機
10：00    整地完了。基礎砕石の敷均し開始
11：00    敷均し完了。アンカーボルトを溶接にて取付け開始。溶接機使用
12：00～13：00  休憩（予備時間）
13：00    型枠材入荷。型枠材には組立ての容易な専用タイプを使用
14：00    アンカーボルト取付け完了。型枠組立て開始
15：00    型枠組立て完了を見越し、生コンクリート出荷依頼
15：30    型枠組立て完了。得意先の検査を受ける
          同時に生コンクリート到着、打設開始。5㎥ミキサー車10台
17：00    打設完了
（※必要人員）掘削機運転手1名、普通作業員3名、溶接工1名、型枠工3名、
          工長1名、計9名
```

人員は十分である。忙しい作業であるが工夫により時間にも余裕をつくり、計画はほぼ完璧と思われた。いや少なくともＥ君にはそう思えた。

これに対しベテラン主任のＦさんは「要するにこれでいいのか」と打ち合わせ用の黒板に次のように記入した。

```
8：00　作業開始
＜掘削班＞掘削、整地、基礎砕石の敷均し⇒11：00 組立班に引渡し
＜組立班＞11：00 よりアンカーボルト溶接、型枠組立
　　　　　⇒15：00　コンクリート班に引渡し
＜コンクリート班＞15：00 よりコンクリート打設
　　　　　　　　　⇒17：00　打設完了（終了まで）
＜資機材＞8：00　掘削機械・溶接機・型枠材搬入
　　　　　10：00　基礎砕石荷下し
```

時間が決められているのは各班の引渡し時刻と資機材の入荷時刻のみだ。

「はい」と言いつつも「自分が立てた計画は事前に工長や型枠大工の了解も得ている。重要な仕事なんだし、時間を守るようもっときっちりと全員に指示して欲しいものだ」とＥ君は不満であった。そこでＥ君は自分の作ったスケジュールですすめることにした。完璧なはずの…。

さていよいよ当日である。

朝８時、掘削機械も時間どおり到着し、工事が始まった。全てが順調に思えた。少なくともあれが出てくるまでは…。

掘削機械を操作していた運転手が「何かありますよ」とＥ君に告げた。

「一体なんなんだ。今日は急いでいるんだよ。」

そうは言っても仕方がない。探ってみるとそれは大きな木の「切株」だった。

やむを得ない。撤去するしかない。ようやく撤去が終わった時、Ｅ君の目の前に残されたのは、巨大な穴であった…。そして時刻は敷き均し完了予定の11時を過ぎていた。

急いで事務所に戻ったＥ君はおおあわてで資材屋に電話をかけた。

「埋戻砂が欲しい。１台で積める分だけ。大至急！」

6.05 完璧な計画

すると、
「今からですか？」「到着は早くて15時ごろになりますけど…」
E君は絶句した。間に合わない！
あわててF主任に報告と相談に行った。
F主任は「中央の孔を整形して残し、周りを整地してあるだけの砕石を敷き均す」よう指示した。

その後、得意先に電話し、障害物が発生したこと、その部分はコンクリートに置き換えたい旨を手短に話し、了解を得た。また組立班には「整地完了が遅れる」ことを連絡し、「昼食を早めにとるとともに、アンカーボルトの取付けが2時間程度で可能となるよう、あらかじめ仮組立てしておく」よう指示した。一方コンクリートのプラントには「多少遅れても出荷する」よう交渉し、さらにコンクリート班には残業の準備をさせた。

結局、整地が終わったのは13時過ぎで、組立班は15時半には作業を完了した。あらかじめ相談を受けていた得意先の検査官は手早く検査を済ませてくれた。コンクリートの打設は予定の約30分遅れである17時半には無事完了した。

E君はF主任の的確な判断には感心したものの、自分の立てたスケジュールがほんの小さなハプニングから崩壊したことにショックを受けていた。そして「こんなことになるなら、計画なんていくら綿密に行っても仕方がない」と感じていた。

そしてまた、疑問に思っていたことをF主任に聞いてみた。
「Fさんは掘削すると切株が出ることが分かっていたのですか。」
するとF主任は、
「そんなこと分かるわけないよ。ただ砕石が足りなくなった時の対策方法は考えていたのでそれを応用しただけだよ。」と言って、次のような話をしてくれた。

そもそも今回の工事は掘削、組立て、コンクリート打設の3工程からなっている。いいかい、ほぼ8割方そうなることが確かな出来事が3回連続して

起る確率は簡単な数学の問題で 0.8 × 0.8 × 0.8 ≒ 0.51 となる。

これはどういうことかというと「ほぼ確かと思った工程が3つとも予定どおりにいく確率は約半分に過ぎない」ことを意味する。だから、予定通りいかなかったときの別の手だてを考えておくことが不可欠なんだ。**君の立てたのは予定であって計画とは言えない。予定と予定通りでなかったときの対策をあわせて用意してはじめて計画といえる。**

実は考えていたのは「砕石が不足したときどうするか」だけじゃない。アンカーボルトの取付けに手間取ったときのために、仮組立てができるような材料の用意もしてあったんだ。また、一緒にいる普通作業員に溶接技能を持つものを配置しておくよう頼んでもあった。いざというとき助けられるようにね。それから専用の型枠が合わなかったときのために型枠大工には木製型枠材を若干用意しておくように言ってあったんだ。

E君は「完璧な計画ができた」と考えたことの恐ろしさに気づいた。

完璧な計画はない。だからこそ我々は事実を的確に把握し、必死で今後を予測し、不測の事態に備えるのだ。

　　　　　　＊　　　　＊　　　　＊

以上見てきたように、現場の歩き方のポイントは次の5つであった。

現場の歩き方のポイント

1) 先を読むこと・予知について＝すべてに前兆あり
2) 仕事は自分で作るもの＝指示待ち族は許されない
3) 失敗から何を学ぶか＝失敗は許されても、失敗を見過ごすことは許されない
4) やり方にルールなし・考え方にルールあり＝常識のうそ
5) 完璧な計画＝その恐ろしさ

これらを参考にすることにより、皆さんが身を守り、発展の糸口をつかむことができると確信している。

CHAPTER 7
苦情・事故に対処する

　すべての営みが人間のなせるわざであるがゆえに、対人間との交渉は避けられない。
　ここでは圧倒的に自分が不利になる次の二つの場合を考えてみたい。

　——すなわち、「苦情」と「事故」のケースである。

7.01 苦情について
怒り30分の原則

　皆さんは本当に怒ってしまった人に、あらん限りの非難を受けた経験がお有りだろうか。ただし相手は打ち負かしてはいけない人、例えばお客さんでありまたは近隣の住民や役所の人である。当然あなたにも言い分はあるが、若干の非もある。

　「俺はこれから飯を食う所なんだ！　今すぐ工事を中止しろ！　うるさくてゆっくり食えん！」
　「なぜ公園を狭くしてまで工事をするの！　何年やるの！　2年！　私と幼い子供にとって貴重な2年をあなたは台無しにして平気なの！　人間のやることじゃないわ！　○！　×△×！　□×☆？！！！」
　「今日一日お前のところの作業員を観察していたら、鉄筋を組んでいる2人は一生懸命だったが、後の4人はだらだらしやがって、お前ら税金で仕事をしてるんだろう、役所に投書してやる、全くお前らみたいなのが税金の無駄使いってぇんだ。」
　……例を挙げはじめると止まらなくなるので、この辺にしておこう。

　一方的に怒られ続けているこの状況は果てしなく続く気がする。あぁいっそいなくなってしまいたい！
　そういう貴方に福音を授けたい。
　それが**「怒り30分の法則」**である。
　この法則は「どんなに怒っている人間も30分以上は怒れないものだ。」
　という経験的事実に基づいている。つらい状況がもし果てしなく続くのならばこちらも気を失うかもしれないが、30分すれば終わるのだと確信できると我慢もできるというものだ。

ただしこの法則には適用のルールがある。それは「決して途中で反論してはいけない」というものである。なぜなら反論した時点からまた新たな30分が始まるからである。

つらい状況では時間の流れは遅い。私はこの法則を知ってから必ずあとで時間を確認することにしている。私の経験とデータによるとどんなに長いと思ってもせいぜい20分である。確かに30分以上怒っているためには相当のエネルギーとパワーが必要であろう。

しかしながら、「黙って聞いているだけでは物事が解決しないではないか」と思われるむきもあろう。

ところが心配は無用、**解決策は「怒れる人」が用意している**。不思議なことに「怒れる人」は怒りが鎮まってきた頃、「こうしたらどうか」と答えを持ち出してくれるのである。逆に言えば「こうしたらいいのに」と思っている人が、考えを述べる機会を失うことが「怒り」の根幹にあるのかもしれない。

「怒りの言葉」とその「翻訳語」の例

次にあげるのは「怒りの言葉（怒り）」とその「翻訳語（翻訳）」の例である。翻

訳語はその後の執拗なコミュニケーションにより解明したものである。

①コンクリート打設現場にて
　（怒り）「うるさくて飯も食えん！」
　（翻訳）コンクリートを打つ日くらいちゃんと教えろ。おれは一人暮らしだ。その時は外食してくる。

②公園を工事区域にしたところ
　（怒り）「なぜ、公園を狭くしてまで工事をするの！」
　（翻訳）この公園には唯一ブランコと子供の走り回れる広場があった。広場を作るよう工事の方から言ってもらえないか。

③作業を監視する近隣の方
　（怒り）「一日見ているとおまえの所の作業員にはさぼっているやつがいる！どういう手順で仕事をしているんだ！」
　（翻訳）実はリタイヤして暇をもてあましている。工事の手順など興味深く見させてもらっている。

④ 12時1分の苦情
　（怒り）「12時を過ぎているのにまだ工事の音がする。お宅の会社は作業員に昼休みもとらせないの！」
　（翻訳）工事区域に隣接して飲食店を営業しているが、工事が始まって以来、確実にお客が減っている。経営が苦しいのでランチの客を増やそうとメニューも変えた。昼時くらいちゃんと営業させて欲しい。

⑤見えてもいけない建設機械
　（怒り）「ホテルの部屋から杭打ち機が見える。客が不安がっているのですぐ撤去して欲しい。」
　（翻訳）結婚式の予約客が下見に来た。大勢の招待客を予定している。ホテルとしては大事な話だ。ホテルそのものは気に入ってもらえた。挙式予定の10月の大安の日には杭打ち機が見えないよう移動してもらえないか。

　　　相手が提案をはじめたら、よく聞くことである。言いたいことを十分に述べ、

よく聞いてもらった後の人間は、あなたの困っている事情を理解してくれる可能性も高い。あとはあなたの考え方次第である。

皆さんの健闘を祈念したい。

7.02 事故について
逃げることから失うもの

　もう10年以上も前のことになるが、私はある現場から別の指定された置き場に掘削残土を運搬していた。それはある土曜日のことだった。朝から天気もよく、うるさい上司もおらず、快適な時間が流れ、現場には何かのんびりした雰囲気が漂っていた。

　ちょうど昼時だった。ダンプトラックの運転手から電話が入った。
「すいません。（ダンプが）ちょっとガードに接触したんです。」
たしかに運搬経路には某鉄道のガードをくぐる箇所が1箇所あった。
「怪我人はいないのか？　そうか、じゃあ後で見ておくから。」
「いえ。困ります。すぐ来てください。」
仕方なく、いやなにか不吉な予感も感じた私は若手社員をつれて現地へと向かった。

「ダンプが立っている！？」

　事故現場を見て私は最初はなにが起ったのか理解できなかった。
　何しろダンプカーが立っているのである。前が上、後ろが下。そして立ったままちょうど鉄道のガードに挟まっていた。

「ちょっと接触したってこの事か？」
「はぁ、ダンプの荷台が上がったままになっていたようです。」
意気消沈した運転手はすまなそうにつぶやいた。
　ダンプは荷台が上がったままガードに進入し、直前にあった防護鋼材に上がったままの荷台が衝突、そこを支点に回転した。ガードの桁下高さとダンプの長さがなぜかほぼ同じであったことがこの奇妙な事態を招いた。
　通行人が不思議そうにながめていた。

　若手社員を現地の通行と安全確保ために残し、私は、付近に公衆電話もないこともあり連絡と復旧のため現場事務所へ慌てて戻った。（なぜ携帯電話を使わなかったか？　そんなものはまだ無かっただけだ。）
　現場事務所に戻った私は、その日の午後の作業を全て中止させた。事故処理に集中したかった。このうえ現場で災害が発生したら手に負えなくなる。
　あちらこちらに連絡を入れた。
　それから鳶の親方と相談に入った。あのダンプを何とかしなくてはいけない。いくつかのパターンを想定し、限りある中からそれなりに道具を取り揃えた。

　再び事故現場に戻ったところ、辺りの様子は一変していた。多くの見物人、警官や鉄道の職員も。

皆一様に聞く。
「君がここの責任者かね。どうなってるんだ、説明したまえ。」
「なぜこんなことになったんだ。これからどうするんだ。」
「なにをやったんだ。とにかく早く何とかしろ。」
　現場から連れてきたガードマンを誘導に当たらせ、若手社員は連絡のため事務所に戻らせた。
　さらにとどめで、
「すぐ横に重要な通信線があるんだ。これを切ったら電車は止まるぞ！」
　テレビと新聞社に報道されるシーンが目に浮かびそうになり、あわてて振り払った。
　この時、私は重要な決断を迫られていた。鳶の親方を見た。その目は
「どうします。やれと言われればいかようにもしますぜ。」と言っていた。

　次の瞬間、私は決断を下していた。
「ダンプを切断する。」

　方針を決定すると俄然動きが早くなった。
　鳶の親方と、切断手順や控えの取り方、通信線の防護方法など次々手順を決めていった。ダンプ会社の幹部も到着し、私が方針を伝えると「任せます。」と言ったうえ、切る箇所、方向についてアドバイスをくれた。
　再度事故現場を確認した。鉄道会社職員にやろうとしている手順を説明したところ「上手くできれば不問にしてやってもいいぞ。」と言ってくれた。
　30分後、ダンプはその一部を切断されたものの地面に戻った。通信線も無事で電車が止まることはなかった。
　その後、あと処理に忙殺されたことは言うまでもない。警察にも呼ばれ、鉄道会社にも何度も通い、社内の報告やら、事故原因の究明やら、対策検討やらその報告やら、また損傷した現地の復旧など約1ヶ月はかかりっきりであった。
　この事故で失った物は大きい。一番は会社の信用であり、また多くの時間やお金も失った。

CHAPTER7 苦情・事故に対処する

では得た物は何も無いか？

少なくとも**「自分への信頼」を得たのだ**と思った。

逃げなくてよかった、逃げていれば一番必要な「部下や職人の信頼」を失っていた。あの決断以来、まだ若かった私に対する鳶の親方の態度、見方は一変した。若手の社員や協力会社も変わった。その後この工事は順調に進み、工期・品質とも過分の評価をもらい、さらにいくばくかの利益も確保できた。

この事故の処理方法には、いくつかの案があった。ダンプが接触した防護鋼材を切断する方法や通信線を防護したのちダンプを引っ張る方法もあったろう。むしろダンプなんて切断しなくてもよかったのかもしれない。後から考えると本当のところ自分の決断が最適の方法であったと断言できるものではない。

しかし、方針を決断し皆に告げたことにより、多くの人がそれぞれに自分のできることは何かを考え、「なんとか成功させよう」と協力してくれた。火急の時には「本当に最適の案なのか」などとをゆっくり考える時間はないし、関係者全員の同意など望むべくもない。むしろ方針を決めないことの方が事態を悪くする。

これ以来、私は方針を決めないことを**「決めないことの罪」**と呼んでいる。

非常の事態において方針を決めないことは「逃げる」ということを意味する。そして逃げて失うものは「自分への信頼」という最も貴重な財産である。

いやぁ、それにしても事故は起こさないのが一番である。

CHAPTER 8
調達価格を交渉する

建設現場において直面する交渉には数多くのものがある。

その中から、ここでは価格交渉（ネゴ）の世界について考察したい。

──この世界ではお互いの立場の有利・不利が変転するという特徴がある。

8.01 市場原理
価格交渉は神聖なる戦いの場

　たとえば何かの物品を購入しようとした場合、売る方は少しでもいい値で売れるよう努め、買う方は少しでも安く買おうとするところにいわゆる市場原理が成立している。

　これに対し、物価版あるいは積算資料などと呼ばれる資料がある。いろいろな物品や工事の価格がずらりと並べられ、なおかつ毎月改訂されている。

○　購入者：「すみません。この間注文した砕石なんですけど、請求書が来たんだけど物価版に単価○○とあるのでその値段にして欲しいんですけど。」

◎　販売者：「だめですよ。あれはものがいいのでその値段ではできませんよ。」

◎　販売者：「鋼材なんですけど、今月の物価版の値段は××なので、その値段でいいでしょう。」

○　購入者：「だめだ。そんな単価しか出せないなら他へ頼む。」

　物価版などとよばれる資料は市場原理が成立した後の実績値を示したもので参考にはなるが、今のあなたがその値段で購入あるいは販売できる保証はない。

市場原理のうえに成り立つ価格交渉は神聖なる戦いの場でもある。

8.02 「準備」
予備知識を仕入れる

どのようなものであれ、その購入に先立って「予備知識を仕入れる」ことができればできるほど有利だ。予備知識の収集方法としては「参考資料を集める」などという学校的方法の他に、次のようなものがある。

①知らないふりをして聞く

たとえば、あなたが購入者であるときは、販売者にこういう質問をしてみよう。

「地盤改良材なんだけどいろいろ種類があってよく分かんないよ。教えてもらえるかなぁ。たとえば売れ筋ってどれ？ なぜそれが売れてるの？」

不思議なもので「知らないんだけど教えて欲しい。」と言うと人間は自尊心を刺激されるためかいろいろと教えてくれる。ありがたく拝聴したい。ただし同じことを別の会社にも聞いて裏づけをとっておくことも大切だ。当然「知らないんだけど教えて欲しい。」と言いながら。

②合い見積りをとる

合い見積りとは同じ内容の見積りを複数社から取ることである。

「○○さん。これは○○さんだけの特別価格です。めいっぱい勉強しておきました。他の人に言わないでください。あぁ、また上司に怒られる。」

などと言う営業マンがいれば、直ちに合い見積りをとることをお勧めする。

③はじめての会社にも声をかける

納入実績のない会社は情報の宝庫である。実績づくりのために業界内の秘密を少しだけもらしてくれる可能性が高い。実際に購入に至らなくとも話を聞くだけで他のネゴに役立つことが多い。

その意味で予約なしに訪ねてくるいわゆる「飛び込み」の営業屋さんも大事にしたい。この方々は邪険に扱われることが多く、話を聞いてくれる人に思わず本音をもらし、また時間節約のため一気に勝負の値段を提示してくれる。

この他、ぜひ長くつきあいたい営業担当に「市況の先行き」を知らせてくれる人がいる。そこから得られる情報によって、市況にあわせて売買のタイミングがつかめる。この時、購入者は安くで購入でき、販売者は市況が下がっているのだから損したわけでなく売り上げが上がる。

そういった意味で「市況」に強いのは高度で良心的な営業マンといえる。

8.03 「いざ実戦」
三者三様、さてどのやり方が…

さて、同じ資材の購入をAさん，Bさん，Cさんの三人の購買担当者が次のように進めた。この時、予備知識により購入物件の相場値段にほぼ見当がつき、目標とする購入価格を建値の80％と決めていたものとする。

（Aさんの場合）

Aさんは次のような電話をした。

Aさん：「○○を合計で△△個、納期は×月末までです。価格を教えてください。」

資材会社営業窓口：「おいくらならいいんですか？ ずばりおっしゃってくださいよ。」

「じゃあ　建値の80％でどうでしょう。」

「いいですよ。」

これを目標達成とみるか、「ええい本当はもっと下がったのに。」と地団駄を踏むかは本人の考え方次第ではある。ただし「いやぁそれは無理ですよ。」と言

われてしまえば目標達成はあきらめなければならないところであった。
　さらに、
　営業窓口さんの独白「Aさんが購入担当だと楽でいいなぁ。」
　したがって、

教訓その１　「はじめが肝心なネゴ価格」

（Bさんの場合）

　これに対してBさんという購入担当者は次のような電話をした。
　Bさん：「○○を合計で△△個、×月末までの納期です。値段は？」
　営業窓口：「おいくらならいいんですか？　ずばりおっしゃってくださいよ。」
　「じゃあ　建値の70％でどうでしょう。」
　「それはきついですねえ。」
　「じゃあ　建値の75％ではいかがですか？」
　「いやまだちょっと。」
　「じゃあ、78％では？」
　「お願いしますよ、80％にしておいてください。」
　ところで
　営業窓口さんの独白「Bさんは細かく値切るなぁ。お金があるなら出してほしいなぁ。よし次はねばってみよう。」
　そこで、

教訓その２　「小刻みな値引き交渉はケガのもと」

（Cさんの場合）

　次はCさんである。
　Cさん：「○○を合計で△△個、×月末までの納期でなんです。どのぐらいの値段で納入できますか？」
　営業窓口：「おいくらならいいんですか？　ずばりおっしゃってくださいよ。」
　Cさん：「他社にも同様のものがあるんですが、価格の折り合いさえつけば貴社のものが使いたいんです。ただし単価は建値の60％しか払えません。」

「え！！！」
「後でいいですから、YESかNOかの返事をください。」
「ちょっと待ってください。」
「待てとおっしゃいますと…。」
「お願いしますよ、あと10％だけみてください。ですから70％ということでぜひ…」
「分かりました。」
　営業窓口さんの独白「Cさんのあの値段は？　他の業者を知ってるのかなぁ。でも上積みしてもらえて良かった。他へ注文が行くところだったと言えば上司も認めてくれるだろう。」
　以上、

| 教訓その３ |「要求を伝えることから開ける展望」

　三者三様にそれぞれ教訓を得ることとなった。しかしそうはいっても価格交渉を行ってからの購入はまだ良い。交渉もせずに購入すると…。
「すみません。急いで地盤改良材が欲しいんですが。とりあえず2tください。」
　こういう購買者は「危険」である。請求書が来てからあわてて「どうしてこんなに高いんだ！」と言っても、
　販売代理店は、
「お急ぎだったようなので高い材料とは分かっていたんですが無理に頼んで手配したんです。」
「数量も少なくて、こういうとき割増しをとられるんですよ。」
「トラックも無理やり頼んだので、これは払ってやってください。」と言うばかりである。
　このことから、

| 教訓その４ |「頼んでしまっては後の祭り」

　さらに工事施工の交渉をめぐっては次のようなこともある。
「ねえ、△△左官工事の三角さん。この間見積りを頼んだあの工事はいった

いいくらになるんでしょうか？　早く見積書を出してください。急いでいるんですよ。もうすぐ始めないと間に合わないでしょう。見積りなしで仕事をさせると上司がうるさいんですよ。」
「やらせてもらえるんですか？」
「それはもうそれしかないでしょう。予定の期日に始められるように準備だけはしておいてください。」
「分かりました。ご迷惑掛けないように準備だけはちゃんとしておきますよ。」

　△△左官工事の三角さんがつぶやく「これで、うちの言い値かな。」
「何か言った？」
「いえ、なんにも・・・」
ということで、

> 教訓その5 「"急いでいる""やらせる"は禁断の言葉」

　しかしながら一方でこういうケースもあるのだ。
「□□左官工事の四角さん。この間やってもらった工事は仕上がりが良くてほれぼれしたよ。施主さんの評判も良くて…。それでまた同じような工事があるんでやって欲しいのはやまやまなんだけど、問題があってね。」
「なんですか、問題って。」
「お金がないんだよ。でもあの仕上がりは良かったなぁ。」
「○○さん、いいですよ。分かりました。そこまで言ってもらえるなら、この間の80％でやりましょう。でも出世払いですよ。」
「いやぁありがとう。そうしてもらえると助かるよ。出世するかどうかはあてにならないけどね。」

> 教訓その6 「時には価格を忘れさせる"評価"や"プライド"」

　さてこのへんで…。これ以上の教訓は企業秘密となるため、そろそろおしまいとしたい。

8.03 「いざ実戦」

8.04 「発注後」
発注後もコスト削減に協力する

なんとか、価格交渉も終わり、いよいよ頼んだ物品が納入されたり、発注した工事が始まった。

ここで鋼材の加工組立を請負った「がんばり鉄工」の主任が次のような相談に来た。あなたならどちらの答えをするだろう。

|相談(1)| 「明日の午後からクレーンが空きませんか？」

○　Y君の答え

「いやぁーよく分かったね。空いているんだよ、使うかい。いつもユニック車を使っているようだけど、クレーンの方が早いでしょう。」

→「そうなんです。ありがとうございます。そうさせてください。」

●　N君の答え

「予定は分からないよ、急に使うかもしれないからね。それにクレーンはおたくもちでしょう。」

→「はぁ、そうですか。」

|相談(2)| 「ところで今日残業していいですか。材料の荷下ろしに手間取ってしまって、明日の仕事の関係からもう少しすすめておきたいんですけど。」

○　Y君の答え

「いいよ。じゃぁトラックがでるまでガードマンも残しておくよ。」

→「すみません。助かります。」

●　N君の答え

「困るなぁ。おたくのためだけに。こっちも帰れないしね。それに予定どおり進まなかったのは自分たちのせいでしょ。」

→「じゃあ、いいです。」

何週間か後、工事が終わって「がんばり鉄工」の専務が主任を連れて挨拶に来た。

○　Y君へ
専務：「いやぁ、おかげさまでうまく行きました。」
主任：「また呼んでください。」

●　N君へ
　予定の期日に終わらなかった「がんばり鉄工」はそれでもなんとか格好だけはつけて、N君への挨拶もそこそこに逃げるように現場を去っていった。

　この項のテーマは「発注後もコスト削減に協力する」ということである。
　なぜなら「いい人だから」か？
　いいえ、それは「発注時の施工条件を確保し」かつ「発注後もコスト削減に協力する」ことは何よりも**今後の価格交渉に有利**になるからに他ならない。

8.05 「後始末」
きちんとチェックし忘れると…

　納入されてきた加工鋼材を見ていたD所長が叫んだ。
　「なんだこれは！　この溶接はサイズが足らないぞ。どこの業者だ。すぐに替えさせろ！」
　あわてたE課長は早速納入業者の「すっとぼけ社」に電話をした。

CHAPTER 8 調達価格を交渉する

「おい、おまえのところで加工した鋼材の溶接がだめなんだよ。それにさっき測ったら鋼材の長さもまちまちだ。」
「すっとぼけ社」の窓口：「そんな事ありませんけどねえ。ちゃんとFさんに見てもらってサインもいただいていますけど。」

「おい、F。おまえサインしたのか。」
「はい。サインをくれと頼まれましたので。」
「おまえは芸能人か！頼まれたからってホイホイとサインをするやつがあるか。」

「すっとぼけ社」の窓口：「すみません。クレームはその時に言ってもらえませんとこちらとしましては…」

　商品が納品されて来たり、作業が終わった時などに納品書や作業証明書にサインをするが、その前にするべきことがある。
　それはその商品や作業の出来栄えを「**きちんと評価する**」ことである。「どこが良くてどこが悪かったか」「不的確で受け取れないものはないか」などである。
　価格が安いだけでは失格だ。支払った価格に見合う価値があってこそ、初めて「良い価格交渉（ネゴ）であった」と言えるのである。

「きちんと組みあがっていましたか？」
「どこか悪いところはないですか？」
「ものは、良かったですか？」
　などと商品が納入されたり、作業が終わった後で聞いてくる会社はそういう意味で価格と価値について理解があると考えられる。したがって大事にしておきたい。

8.06 調達は原価低減に優る?
安価な調達でツケを払わされることに…

　鉄骨組立業を営む「やります社」のＡ工事部長の所に元請けの「なるほど組」から電話がかかってきた。
　「最近おたくで鋼材の加工・組立を安くやってるって聞いたんだけど、ちょっと相談というか、見積りをお願いできないかなぁ。」
　新規取引先の獲得は社長の覚えもめでたい。おまけに「なるほど組」は大手である。渡りに船だ。
　Ａ工事部長は、「いいですよ。早速これからでもお伺いしますよ。」
　と二つ返事で答えた。施工内容を聞くと条件は良さそうだ。それになんだか、もううちへ頼む気でいるようだ。急いでいるのかな。初めての会社だし、あまりふっかけないで良心的に見積もろう。

　一週間後、見積書を携え「なるほど組」の担当者を訪れたＡ工事部長はのっけから度肝をぬかれた。
　──見積金額は1600万円だけど半値の800万円でやってもらえないか。なにしろ施主が金を出さないんで仕方がないんだよ。
　「いや、それではこちらが赤字です。ぎりぎりの見積りなんです。」
　──施工条件はいいだろう。こっちも協力するしさぁ。なんとかやってよ。
　実はもう仕事をもらえる気で準備をしていたＡ工事部長はあせっていた。
　"ちぇ、足元をみられたか"。
　交渉は双方の中間の値を取って1200万円でまとまった。しかし実際に工事が始まるとＡ工事部長はさらに頭を抱えることになった。

　ある日、現場の主任から電話があった
　──部長。今日から現場に入れってんで来たんだけど、まだ前のコンクリー

ト工事が残っていてとてもだめだよ。
「材料だけでも下ろせないのか。」
——現場が散らかってるからなぁ。片づけながらでもやりますか？
　その後も「待った」が入ることが多く、「なるほど組」の担当者に言われるままずるずると工事を続け、工事が終わる頃には予定の金額を大幅に超過していた。
　それにもかかわらず「なるほど組」の担当者はA工事部長の「やります社」が予定を大幅にオーバーして他社に迷惑を掛けたと言っているという噂を耳にした。途中で投げ出そうかとも思ったが、後で変な評判が立ってもまずいと思ったのが失敗だった。そこまで言われては黙っているわけにはいられない。
　A工事部長は反撃に出ることにした。
「「なるほど組」さん、この表にあるように手待ちがこれだけあります。施工条件も初めの話と違う所が多くあります。その分を集計すると600万円になります。これを払ってください。」
　これに対して「なるほど組」の担当者は、
——無理だよ。契約したんだからその値段以外には出せないよ。
　と当然のことのように聞き入れようとしない。
「でも、施工条件が……」

　「なるほど組」の担当者は「やります社」と契約することで安価な調達ができ、請負ったんだからその値段でやってもらえるものと思っていた。
　一方「やります社」のA部長は請負ったものの、当然条件変更分はもらえると思っていた。両者ともにその後の工事において実際にかかる費用を低減する努力を怠り、そのつけを払わされた結果になる。
　コストの削減は「実際にかかる費用」すなわち「原価」を低減することから行うのが基本である。その意味では「安価な調達ができればおわり」といったコスト削減は邪道である。
　契約はしたとしても、その値段でできる方法が確保されなければならない。どういう立場であれ、**原価低減の努力をしない者に利益はない。**この原則は現場運営にあたり皆に周知しておかねばならない。

CHAPTER8　調達価格を交渉する

CHAPTER 9
書類・データを整理する

　日頃、現場の整理・整頓にはうるさい名うての現場マンも、こと事務所に帰ってからの内業となると収拾がつかなくなる。

　だからといって「情報の整理法」「ファイリング入門」などを教えられても、「とても自分たちの手に負えないなぁ」と思えてしまう。

　"資料・データの洪水におぼれそうになる"
　──そんな日々の中で「いくつかの法則」に気づいた。

9.01 多くの事務所でおきている悲惨な現状
あのデータはどこにいった？

CHAPTER9　書類・データを整理する

――おおぃい、このワープロをちょっと修正してくれないかぁ？
「どれですかぁ。どこに入れたか分かりますぅ？　何というファイルですか。」
――そんなこと分からないよ。
「この前に作った時は誰に頼んだんですか？」
――えぇっと…。たしか応募毛くんだったかなぁ…
「じゃあ、彼のファイルじゃないですか。彼、今週は出張ですよ。」
――急いでいるんだよ。何とかならないか。
「一応探してみましょうか。いつ頃のものですか？」
――さぁ…。春頃だったかなぁ？
「…ええい。めんどくさい。最初から作りましょう。その方が早いですよ！」

一つのプロジェクトをすすめている事務所で、改めて気づいた。
① 書類を作るたびごとに最初から資料・データを集めている。
② 似たような文書を多くの人が保管しているが、どれが本物か分からない。
③ 同じような書類を何人もが重複して作っている。

これらのことはパソコンが導入されLANが構築されても変わらず、否、ますます混迷の度を深めている。
「確か前に誰かが作っていた」と思ってデータを探すが見つからず、「ええい最初から入れ直した方が早い」となってしまう。
もちろん、電子データをキーワードを基に検索するソフトもあるが、情報の大海の中から針を拾うような気分になる。

200

そこで次のことに目をつけた。

この混迷の原因は**「どこに何があるか分からないこと」**にあるに違いない。

ここでは、これを手がかりに「データや資料の洪水におぼれそうな」混迷の状況からの脱出しようとするものである。

9.01 多くの事務所でおきている悲惨な現状

9.02 混迷からの脱出
データ管理の目標と方針、具体的方法

CHAPTER9　書類・データを整理する

混迷の原因が「どこに何があるか分からないこと」にあるとすると、
目標を、
「書類・データの保管方法を定め、検索し易くする」とする。
これにより内業の効率化、コストダウンを図る。
目標を達成するためには、方針が必要である。
方針は次のようにする。
① 　書類を個人の物としない。＝データ共有の方針
② 　同じようなものをいっぱい作らない＝本物は 1 つの方針
③ 　書類に名前、認識番号 (ID) をつける＝命名の方針

以上の方針により、どのように解決していこうとしているかについて、それぞれの具体的方法を次に示す。

方針とそれぞれの具体的方法

①データ共有の方針
業務上の書類は個人のものではない

　数年前、同じ事務所で机をならべていた N さんを私は大変重宝にしていた。なぜなら、
「確か先週だったと思うんですけど、○○へ提出した工程表あります？　えぇ一番新しいのではなくて先方の依頼で急いで修正したやつですよ。」
　――あぁ…、4 秒待ってください。ほら、これ。
「これです、これです。ありがとうございます。助かります。」

COLUMN　グループを構成する数「7の法則」

　ところで、あなたの事務所にはいくつ書架があるだろう。そしてそれらは分類されているだろうか。もし分類されているのならいくつに分けられているだろうか。またパソコンが導入されLANで相互にネットワークができていたとしよう。共通のサーバにいくつのフォルダがあるだろう。
　——ここでいくつに相当する数の問題について考えてみたい。

　グループを構成する「数についての法則」をご存知だろうか。これに最初に気づいたのは現場で大工さんや鉄筋工の人数がなぜか7人前後であったことに始まる。なぜか、この人数より多くても、少なくてもトラブルが続出するのである。みなさんは学校にいた頃「班」を作ってグループ活動をさせられた記憶がないだろうか。たしか1班6～8人位で。意外な奴の意外な特技が発見されたり、ふとしたきっかけで妙に盛り上がったりした。

　スポーツを見てみよう。1チームの人数は少ない方ではバスケットの5人というところか（個人競技、ペア競技ならびにスキージャンプ団体のような個人成績の合計点で競うものはここではグループと考えないことにしい）。バレーボールの6人、野球の9人、サッカーの11人あたりがポピュラーではなかろうか。人数が多くなるラグビー、アメリカンフットボールくらいになるとチームを構成する選手の区別が途中で怪しくなってくるように思われる。

　以上の例に基づき**「グループを構成するメンバーの数はいくつが適切か」**について一応の答えを出しておきたい。
　いくつかに相当する数としては7個前後が適する。この数は集団活動するグループの人数であり、大工・鉄筋工の一班から野球のチーム、軍の分隊（行動する時の最小ユニット）、映画に出てくる用心棒の数（「七人の‥」）までほぼ共通する。これはそれぞれの特徴を生かしあえるという点で人間の持つ認知能力と関係があるのだろうか。

となるからである。

　これはNさんの書類が整然と整理されていたからか。いや全く違う。「机」の上や辺りのキャビネットに留まらず、とにかくN氏の周囲約1m以内の領土には書類がうず高く積まれ、付近を通る人たちはこれらが崩れ落ちないようにそっと歩くことが習慣になる有り様であった。

　しかし、Nさんの作る書類は適確でかつ美しく、検索は下手なパソコンより早かった。したがって私は快適な日々を送っていたのである。

　そんなある日、私を驚愕させる出来事が起った。Nさんが異動で事務所を離れるというのだ。「そ、そんな…」。会社の都合で急ぎの人事だったためか、2日後にNさんはいなくなり、Nさんの頭脳なくしては判別も検索もできない大量の書類の山とともに残された私は…。

業務上の書類は個人の物ではない

　業務で作成、使用している文書は共通の書架に保管されなければならない。電子データであれば共通のサーバになければならない。

　個人の机（電子データであれば自分のパソコン）に入れて良いものはコピー、すなわちいつ捨てても良いもののみである。個人の机に原本を入れてはいけない。個人で保管して良いものは業務上必要な「私物」と配付された資料などの「コピー」のみである。このことを達成するためには物理的に個人用の保管場所を小さくしておく必要がある。

　本項の目標は「書類・データの保管方法を定め、検索し易くする」ことにある。前ページ（コラム）の**グループを構成する数「7の法則」**に基づき、その分類は次のようにしたい。

・共通書架はいくつか（7個前後）の大分類に分ける。それぞれ色分けし、そこに納める書類のファイルにも同色のラベルを貼り付ける。これらにより、持ち出されたファイルが元の書架に帰ってくるようにする。
・置き場所は事務所に所属する全員に周知し、勝手に変えない。電子データで

あればみんなで使う共通のフォルダを最初にいくつか（7個前後）用意する。さらに多くの分類が必要となった時はある一つの分類の中をさらにいくつか（7個前後）に分けてよい。これで巨大な組織も情報も有効に活躍する。

・実際には多くの事務所で紙の文書と電子データが併存しているであろう。この場合、書架の分類名と電子データの分別フォルダ名を同じにしておくことが効果的である。

いずれにせよ、この時大切なのは**「必ずどこかに仕分けすること」**と、**「勝手に新しい分類を作らせないこと」**である。**いったんこれを許すと自然増殖し、分類が意味を成さなくなる。**また「その他」の分類を作ってもいけない。下手をするとすべて「その他」に分類されてしまう。

以上のようにデータが共有され「原本がどこにあるか分かる」ようになると個人で持っている必要がなくなり、安心して捨てられるようになる。

②本物は一つの方針
書類、データ、図面等の情報は逐次修正されていくものである

書類、データ、図面等に変更があった時、原本を修正せずに「念のため」に残し、コピーを取ったものを修正する癖が多くの人にある。これが重なるとどれが最新の修正版か分からなくなる。

「最新版」等と記入してあるものもあるが、気がつくとどれもこれも最新版で困惑する。そのときはそれぞれが最新であったに違いない。かといって日付を記入しておいても、別の所にさらに新しい日付のものが隠れていたりする。

そこで**「必ず原本を修正」し、本物を一つにしておくことが大事になる。**旧版は捨てることが一番良い。データであれば上書きしてしまう。保管書類の数も減るし、したがって検索もし易い。

心配性の人もいて「控え」がどうしても欲しいときは、書類保存のランクを下げておく。例えば、手書き原稿では本物（＝最新の修正版）は原本、控えはコピーとする。図面であれば本物は原図、控えは青焼き、第二原図である。電子データであれば本物はオリジナルファイル、控えはプリント（印刷）にとど

める、あるいは「控え」と名付けた別フォルダに移す。この方法は残してあるという安心感が得られ、「実際には二度と開けない」と思いつつ残してしまうという事態から逃れられる。このようにしてランクを下げておいた書類はまとめて廃棄できる。

③命名の方針
あなたに名前があるのに、ファイルに名前がないなんて

背表紙にタイトルが記入されていないファイルほど迷惑なものはない。作った本人はよいとして、別の人が何かのファイルを探す時、いちいち名無しのファイルを開けてみないといけなくなる。

区別のつかないタイトルにも困る。「〇〇関係」、「〇〇関連」などは最悪である。同じ名前のものもいけない。せめて（1）、（2）等の枝番でも欲しいが、できればこれも避けたい。分類困難な場合は無理に分けずに時間の順番（いわゆる時系列）にする。（1）（2）などの枝番より「〇〇年〇月」の方が検索しやすい。

名前の他に番号をつける場合がある。ISOでは「文書に番号をつけること」「文書のリストを作ること」「文書を周知し、その記録を残すこと」といった管理が求められている。

「書類の番号」や「書類の名前」は原本のコピーを作成した際に写るようにしておく。図面の原図なら原紙の余白に記入しておく。表計算ソフト等の電子データではプリント時にヘッダー部分等にファイル名が出るようにしておく。

文書管理のルールは明文化し、公表する。事務所に新しいメンバーが来たときは「新規入場者」として教育する。

CHAPTER ⑩
人前で話す

　建設現場では、説明・指示・報告や相談など言葉によるコミュニケーションが欠かすことのできない重要な要素となっている。
　人前で話す機会は意外と多い。

　それにも関わらず、これらについてあまり注意が払われていないのが現実である。

　――そこで、ここでは人前で話すことから始めて、
「説明の方法」からさらに「言葉の問題」について考える。

10.01 人前で話すときに必要な要素とは
説明が説明になっていない…

　ある現場で工事見学会が開催された。
　説明にあたった副所長のA氏は幾分緊張気味であった。

――えぇー、本日はお暑い中での当現場の見学、ご苦労様でございます。
（聴衆：こっちが希望して来たんだ。しょうがないだろう）
――当現場は現在最盛期を迎えておりまして、多くの仕事が進められておりますが、すべてを見ていくわけにもいきませんものの、できるだけ皆様のご希望にそうように…
（聴衆：一体、なにを見せてくれるんだ）
――さて、ここの目玉はここで地下鉄をアンダーピニング（下受け）していることで、なにぶん大変重要な工程で、問題があってはならず、細心の注意を…（中略）…
（聴衆：「ここ」ってどこだ、どう重要なんだ）
――説明が分かり難かったかもしれませんが、時間もあまりございませんで、とりあえず現場を見ていただいて何なりと質問をしていただけたらと…
（分かりにくい説明ならするな。時間切れで幕かよ。来て損したな…と聞く気を無くす聴衆）

　一方、A氏は、
「言いたいことの半分も言っていない。」
「ちゃんと起承転結をつけているのにどうも分かりにくいって言われるよなぁ…」
「もう少し時間があれば…」

10.01 人前で話すときに必要な要素とは

　時間不足の問題ではない。これではむしろ貴重な時間、人件費の無駄というものだ。

分かりやすく話すには…

　ここでは人前で話す話を分かりやすくするための方法を考えみよう。
　「時間を与えられて話す」時に「どう話すか」についてあらかじめ考えておかないことは罪深いことである。とりあえず乗り出す船はゆらゆらと何処につくか分からない。雑談など暇なときはいいが、忙しいビジネスの世界では遠慮したい。

日常会話なら途中で反論もできるし、セールスなら断ることも可能だ。

しかしあなたに時間が与えられている以上、その間はあなたの話を遮る者はいない。その状況下で訳の分からない話を聴かされた聞き手の失望は、あなたの話に何らかの利益（見かえり）を期待して時間を割いただけに大きい。したがって、話をする際は**必ず話を組み立ててから**始めたい。

では話の構成はどうするのか。ここは簡単に次の3点のみで構成したい。
①**はじめ（序）** ＝何を言うか述べる
②**本論（本）** ＝話したいことを筋道をたどって順番に話す
③**おわり（結）** ＝何を言ったか述べる
それぞれに必要な要素についてまとめてみよう。

①はじめ（序）

「はじめ」で言うことは「これから何について言うか」である。
えぇっ？　これだけ！　と言わないで欲しい。

（例）「これから工事の概要と本日の作業内容を説明します。」
　　　「本日は安全帯を使っての身の護り方について解説します。」

こういった一言があることにより、聞いている方は「どんな話を聞くことができるか」が分かり、安心できる。

また、「聴衆にあまり聞く気がないな」と気づいた時には、その前に注意を引く必要がある。いわゆる「つかみ」である。伝統的な「つかみ」の手法としては次のようなものがある。

疑問型＝「皆さん、安全帯に実際にぶら下がった人のほとんどが叫ぶという言葉って聞いたことがありますか？」
質問型＝「安全帯のロープの長さはいくらでしょう？　ご存知の方はおられ

ますか?」

これらのあと「…というわけで、本日は安全帯を使っての身の護り方について説明します。」とする。

単に最初から、「本日は安全帯を使っての身の護り方について説明します。」と言うより聴衆の注目度が高まり、そのあとの話がしやすくなる。

逆に聴衆の問題意識が高いときは「説明の手順」まで言っておいた方が受けがいいようである。

(例)「まず本工事の概要をお手元のパンフレットで説明させていただきます。そののち工事の進捗を前の貼り図を使いまして、昨年、今年の状況、さらに工事竣功となります来年の予定と、順を追って説明させていただきます。」

②本論(本)

話は通常いくつか話題が順番に語られるかたちですすむ。話題とは「考えのひとつのまとまり」であり、トピックともよばれる。

平面の世界を二次元、立体の世界を三次元と呼ぶとしたら、話すことの世界は一次元に他ならない。話題は順番に一つずつしかすすめられない。それはいはば「一本の道」を歩むようなものである。

ひとつの話題(トピック)を □□□□ で表現するとしたら
ひとつの話はたとえば、

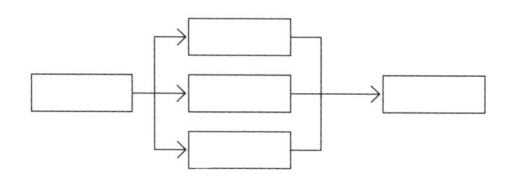

のようになろうか。

話すことの世界が一次元であるため、話題の「分かれ道」では合図を送らなければ、聞いている人は迷子になってしまう。

分かれ道で送る合図とは

(例)「皆さんにお願いしたいのは次の3つのことです。1つめは…」
　　「これらの原因は次の二つに大別できると考えます。そのひとつは…」
というようなものである。

では話題（トピック）はどうつくるか。それにはまず「思い付いた事」や「言いたい事」を箇条書きにすることから始めると良い。話したい事をすべて列挙したのち、「同じ考え」のグループをつくる。これが話題（トピック）となる。いくつかの話題の中から実際に話すものを選び出し、話す順序を決める。聞く人に理解してもらいたいと思うなら、

1)言いたい事は多いが、それを全部言って理解されるか。
2)全部言っておくことが目的になっていないか。
3)思い付いた順ではなく、理解されやすい順になっているか。
4)話が行ったり、戻ったりしていないか。

などのチェックが必要である。

③終わり（結）

「おわり」で言うことは「何を言ったか」である。

「はじめ」と同じで申しわけけないが、えぇっ？　これだけ！　と言わないで欲しい。

(例)「ここでは工事の概要と本日の作業内容について説明させていただきました。」、「以上、本日は安全帯を使っての身の護り方について解説しました。」

「そうか、そういう事だったのか」と、ここではじめて気づく人もいる。

聞いている人なんてそんなものである。

> ## COLUMN 「起承転結をはっきりと」というけど…
>
> 　人前で話す場合だけではなく、文章を書くときにも「起承転結」をはっきりとしろと言われることが多い。「話の組み立て」は「起承転結」にありというわけだ。
>
> 　そういえば昔、学校で習ったようなので改めて調べると、次のようなものであった。
>
> 　「春眠不覚暁」　**(起)** 歌い起し
> 　　　　　　　　　春の眠りは朝になったのが解らない
> 　「処処聞蹄鳥」　**(承)** 筋を展開
> 　　　　　　　　　あちこちで鳥の鳴き声が聞こえる
> 　「夜来風雨声」　**(転)** 内容を転じる
> 　　　　　　　　　昨夜はひどい雨だった
> 　「花落知多少」　**(結)** しめくくる
> 　　　　　　　　　花は沢山散ってしまったことだろう
> 　　　　　　　　　（「春暁」　孟浩然　唐の詩人）
>
> 　さて、人前で話したり、文章で説明をしようという時、「起」「承」と「結」は良いとして、どうして途中で話を「転」じないといけないのだろう。
>
> 　この例でいくと「鳥はどこへ行ったんだ？（あるいはどんな鳥だ？　数は多いのか、少ないのか？　など）」と聞きたくなる。
>
> 　やはり、文学としての感動と説明の手順とは関係が無いと思われる。

10.02 話すときのキーポイント
5つのコツ

ポイント① 文章では繰り返さない、口頭での話では繰り返す

　文章では同じ言葉を繰り返すことはタブーとされている。
「…それは危機管理である。危機管理が重要であることの根拠は、危機管理の手法が認知されていないためであり、かつ危機管理を日本人が…」というのは文章として読むとしつこいと感じ、内容まで疑わしくなる。

　しかし、口頭での話では重点テーマは繰り返してよい。積極的に繰り返すことを心がけよう。「声をかけることをぜひ実行してもらいたい。声をかけることにより危険が減ります。声をかけることにより間違いが減ります。声をかけることにより…」

　不思議なことに耳から聞くと繰り替えし部が印象に残っているのである。

ポイント② 文末を切り、接続詞をはっきりと

　「ええ、暑い季節になってまいりましたが、いよいよ一番の山場となる掘削工事の段階を迎えており、これらも工事のほうが皆さんのご努力で順調に進捗してきたおかげでありまして、ひとえにこれまでのいろいろなご苦労の賜物と感謝している次第ですが、なにぶん工期の制約もあり、こんなことを言うのもなんですがお金をいくらかけてもいいはずもなく、だからといって事故がおこってしまうと…」

　話している人が「いい人」であり、「本当に心配している人」であったとしてこの人の話に何分つきあえるだろうか。炎天下では3分で卒倒しそうである。

　この手の話は途切れが無いことが特徴である。文章でいえば「。」がない。話すときも書くときも一つの文は短くし、文末を言い切ってもらいたい。

「これまで工事は順調に進捗してきました。皆さんの日頃の苦労の賜物であると感謝しています。さてこの工事の一番の山場は掘削工事です…」

ポイント③ 漢字（音読）でなくひらがな（訓読）で

本来は中国語の読みであったものを音読みとして取り入れたため、日本語には同音異義語が多いといわれている。このため音読みの言葉を耳で聞く場合、判別がつきにくい。話す時はできるだけ本来の日本語読みである訓読みを使うよう心がけたい。プレゼンテーションで出てしまう代表的な例を挙げておく。下線部のように話すことをお勧めする。

- **しゅうち**：「衆知」<u>既にご存知</u>の、「周知」<u>皆様にお知らせ</u>する、「羞恥」<u>はずかしい</u>
- **きてい**：「既定」<u>すでに決まっている</u>、「規定」<u>手続きを定める</u>、「基底」<u>一番下の</u>
- **こうひょう**：「好評」<u>良い評価</u>の、「公表」<u>皆様に発表</u>する、「講評」<u>意見・感想を述べる</u>、
- **きょうぎ**：「協議」<u>関係者で話し合う</u>、「狭義」<u>狭い意味での</u>、「競技」<u>優劣を争う</u>、「教義」<u>宗教上の教えを意味する</u>、
- **こうそう**：「構想」<u>考えを巡らせる</u>、「抗争」<u>いさかい・争う</u>、「高層」<u>とりわけ高い</u>、「広壮」<u>広くて立派な</u>、「後送」<u>後から送る</u>

ポイント④ 話の順番には二通り

（例）「ここでは通常は下から組み上げるところを、上から吊った所が最も重要な…」
「ここでは何といっても、最大の問題点は間隙からの逸水にほかありません。」
あなた自身の注目の程は分かるが全体から順を追って話さないと他の人にはその重要さは理解できない。物事の話の順番は「起った順番（時系列）」のほか、「大枠から詳細へ（収束系）」があるということだ。

ポイント⑤ 図の説明の前に

　図の説明においていきなり、「ここの部分」と言われて分かる人ははじめからその辺の事情にくわしいに違いない。
・この図は何の図なのか。
・平面図か、横断図かはたして縦断図か。
・上下左右はそれぞれどちらの方向か。
・おおよその大きさは。
　についてまず初めにに説明しておく必要がある。
　（例）「こちらに示しました図は工事全体の範囲を示す平面図です。右側が〇〇方、左側が××方となります。上にあるのが△△川です。下側には□□神社がこの位置にあります。赤い部分が工事範囲で幅は約 15m、延長は約 150m あります。」

　以上の５つのキーポイントから「時間を与えられて話す」時、次の準備を行うようにしよう。

●**相手のリサーチ**
　どういう人か。
　何を聞きたがっているか。
　聞く気はあるのか、どの程度か。

●**形式**
　座っているのか、立っているのか。
　説明は貼り図を使うか、パンフレットか、何も無いのか。

●**時間配分**
　時間はどのくらいあるのか。

　特に時間については「何分必要か」より「何分あるか」から決まることの方がむしろ普通である。いずれにせよ「いっぱい言わない」「言いたいことの半分に留める」「いつもの会話よりゆっくりと」を条件に時間配分を考えておく。

10.03 役に立たない言葉の研究
「頑張ってください…」

「それにしても」と配転氏はほぼ10年前の出来事をつい昨日のように思い出す。
「あれほど役に立たない言葉はなかったな…。」

10年前の春、配転氏はある部署からの異動が決まった。同時期に同僚のB氏も異動するため2人は一緒に離任の挨拶まわりをしていた。
何箇所かまわったところで配転氏はふと妙なことに気づいた。挨拶にたいする相手の反応が違うのである。

まずはB氏の場合、
「お世話になりました。今度○○へ異動します。
──「そうですか。○○ですか。なにかあったら言ってください。協力しますよ。」

これに対して配転氏には、
「お世話になりました。今度××へ異動します。」
──「そうですか。××ですか…。・ ・ ・。頑張ってください。」
明らかに違う！ しかしその時は「いったいなぜなのか」分からないままであった。

新しい部署に移って約1ヶ月後、配転氏はあの反応の差を肌身で思い知ることになった。
新部署は「人はいない」「休みはない」「金はない」という、ないないづくしの所だった。さらに「危険」で「小規模」、おまけに「勤務が不規則」。ここはいっ

たいなんなんだ！」
「そうか。そうだったのか。だから誰も関わりたくなかったんだ…」

以来、「頑張ってください」と聞くと、こう聞こえる。
——「あなたが頑張るしかないですよ。私には何もできません。」
——「あなたの責任でやってください。」

そこで次に、言った人だけが満足し、言われた方には何の役にも立たない言葉について、その傾向と対策を考えておきたい。

責任転嫁言葉

　C君は困っていた。C君は道路の下での大規模掘削工事をほぼ終えて、最後の復旧段階に入っていた。ところが道路の下には電気やら水道、ガス、下水管や電話回線などいわゆる埋設物が交錯して入っており、その廻りの埋め戻しが十分にできないのだ。締め固めるための機械だって満足に入らない。主要な道路だ。きちんと埋め戻しておかないと将来道路が陥没することだって考えられる。そこで上司や先輩に聞いてみることにした。
「埋設物廻りの埋戻しがうまくできそうにありません。どうしましょうか？」
◎　管理職D：「できるだけ、十分に締め固めることです。」
○　中間管理職E：「私は何となく"水締め"という方法が良いと思います。」
△　非管理職先輩F：「俺に言わせりゃ、人力で踏み固めるだけで良いんだよ。」

　この三者の意見をよーく聞くと、誰もこうしろとは言っていないし、なにも決定していない。いったいどうしろというのだろうか。

　このあとの展開には次の2つのケースが考えられる。

●ケースその1
　　C君：「なんとかうまく埋戻しができました。」
◎　管理職D：「案ずるより生むが易しだ。何事も行う前に決めつけてはいけないんだ。」
○　中間管理職E：「これを機会によく勉強してください。」
△　非管理職先輩F：「だから言ったろう。俺に言わせりゃ現場なんてそんなもんなんだよ。」

●ケースその2
　　C君：「大変です！　昨日埋戻したところが陥没しました。」
◎　管理職D：「だから十分に締め固めろと言ったはずだ。十分に！」
○　中間管理職E：「だから、何となく心配だったんです。何となく。」
△　非管理職先輩F：「だから言ったろう。俺に言わせりゃ現場なんてそんなもんなんだよ。」

　この例で出てきた「できるだけ」「何となく」「俺に言わせりゃ」などの言葉をこれからは「責任転嫁言葉」と呼びたい。
　C君は今後これらの言葉に出会ったら、危険を察知し、「○○の方法で良いですね。」と確認をとらなくてはいけないと思い知るのであった。

あいまい言葉

　――おぉい、地下1階の通路はどのくらいの幅だ？
　「けっこう広いですよ。」
　――じゃあ、B3番のH型鋼桁の重さはどのくらいだ？
　「かなり重いですよ。」
　――もういい、お前には聞かん！！

――おい、上床版の高さは確認したのか？
「ちゃんと、見ましたけど。」
――ちゃんとって、どういう方法でだ。
「この眼です。この眼でちゃんとみました。」
――？・？・？・？・？

「けっこう」「かなり」「ちゃんと」などのほか「十分に」「入念に」「しっかり」「すぐに」「きちんと」などは「あいまい言葉」として有名である。これらの言葉を排し、それぞれ「具体的数値」「具体的方法」で答えるようになることは社会人としての第一歩であろう。

では、次の例はどうだろう。

「今日の作業は"足元注意"で行います。」
「開口部で見えにくくなります。"合図の徹底"をお願いします。」
「今月の安全目標として"玉掛けの確認"をあげたいと思います。」
「機械の配置については"よく打ち合わせ"のうえ行ってください。」

これらの指示を受けた人達はいったい何をどうすればいいのだろうか。"足元注意"と言えば転倒せず、"墜落注意"と言えば墜落しないのであろうか。
これらの言葉を使用禁止にした方によると（日経コンストラクション、1998.9 安全手帳 二階堂久氏）、これらから脱却するためには、
1) 主語と述語を明確にする。
　　例"合図の徹底"→「合図員Aが玉掛者Bに合図を送る」
2) 発言に具体的な内容を盛込む。
　　例"合図の徹底"→「合図にはブザー用いる」
などとするような改善活動が必要だということだ。
またこれにより、
3) 工事内容の理解を促す。
という効果もあるとのことである。

CHAPTER 10 人前で話す

CHAPTER ⑪
工事を請け負う

　──おう、熊か！今日はどうしたんだい。なんだか浮かない顔をして。
　「いやね、ご隠居さん。最近からっきし暇で…。何か良い仕事はありませんかね？」
　──そうだな。そんなにしけた顔をされたんじゃたまんねえな。八の奴からも頼まれてたんだが、ちょいと小銭も入ったとこだ。じゃあ二人で庭の木でも刈ってくれるかい。
　「おやすい御用で…。あっし一人で充分でさぁ。」

　…仕事が終わって
　「終わりやした。なかなかいいできでしょう？」
　──いやまた、えらく刈り込んだものだなぁ。
　「いや、あの辺りは、出入りの若い奴にやらせたもんで。」
　──そうかい。でもご苦労だったな。ほれ、手間代だ。取っときな。
　「おそれいりやす。」
　「…あ・あのう、ちょっと少なすぎやしませんか？」
　──余計に刈り込んだ分は安くしな。

さて、この短いストーリーの中にも仕事を「請け負う」に際しての多くの問題点が含まれている。

1. どういう発注形態だったか。はたして熊さんは特命（競争によらないで任意で特定の者と契約を締結する方式）されたのか。あとから八つぁんからクレームはこないか。・・・契約方式の問題

2. 若い奴（下請負者）の育成と品質確保はどのように行われたか。・・・建設業法がもつ趣旨の問題

3. どこまで刈り込むかなど施工範囲、数量は明らかだったか・・・施工条件明示の問題

4. 精算方法に取り決めはあったか・・・設計変更の問題

では、こういった「請負」に伴うトラブルを防止するためにはどうすれば良いのだろうか？

工事の請け負いに伴う諸問題がこの章のテーマである。

11.01 「請負」とは

『工事請負契約書』を読んだことがありますか

　皆さんの中で、「『工事請負契約書』を読んだことがある」という勇気にあふれた方はおられるだろうか。こういった方は既にご存じだろうが、契約書の条項は小さな字でこと細かく書かれているものの、読んでみるとなんだか当たり前のことを書いてあるだけのような気がするものである。

　その理由を考える前に、まず「請負」とは何なんだということを法律から考えてみよう。「法律！　法律はまずい。どうもあれは頭痛の種だ。」とは言いつつも、「やはり少しくらい知っておかないとまずいかなぁ。」と思っているのが一般的なところではないだろうか。

　「請負」とは民法に規定されている。これによると「請負とは『仕事ヲ完成スルコトヲ約シ』たもので」、請負者には「天災による損害や労務・資材の値上がり危険その他一切の障害を乗り越えて、仕事を完成する義務がある」とされている。これがいわゆる「仕事完成義務」である。

　また「全ての瑕疵（かし＝キズ、欠点）は請負人が担保責任を負う」というものがあり、これが「瑕疵担保」とよばれている。この責任を逃れられるのは「瑕疵の原因が注文者の指図にあった」ときだけだが、それでも「この時も請負人は指図が適当でないと知っていながら注文人に告げなかった場合は、やはり責任を負わなければならない」とされている。

　さらに次のような規定もある。

　「注文者は例外なく損害賠償の請求ができる」

　「注文者は目的物が完成し、引き渡しを受けるときに請求代金を払えばよい」

注：かし（瑕疵：きず。欠点。＜法律用語＞完全な条件を欠いている状態。（小学館「新選国語辞典」）

ここには、前渡金も部分払いもなければ物価スライドといった現代の契約では当たり前とされる約束事は何もない。「その他一切の障害を乗り越えて」ということは条件変更も設計変更もないのだろうか。この条件では「建設工事」を請負うことのできる企業など皆無かもしれない。

　現在これらの条文をそのまま読むと、一方的に注文者が「得」なように思える。しかし、この疑問には次のような解答が用意されている。……一応。
・民法は明治時代にできたもので「請負」で想定しているのは「洋服の仕立て」や「運送業者が荷物運送を引き受ける」「大工の手間仕事」などであって今日のような大規模な請負契約を想定していない。
・当時はこれらの「請負」において「注文者保護」の必要があった。

　とはいうものの現に法律としては生きている。このため、別途「必要な条項を記載した請負契約書」を交わしておかないと、請負工事はこの法律の適用を受けることになる。そこで、「請負契約書」には今日ではあたりまえとも思える内容が細々と記されることとなる。

夫役制度から請負制度へ

　では、なぜ日本では建設工事においてこのような片務性（契約当事者の一方のみが義務を負うこと）のある「請負」という契約形態をとるのだろうか？

　このことについて考えあぐねていたとき、「『請負制度』が始まる前は土木工事などの建造物は『夫役制度』で行われてきた」との記述にいきあたった。なに！請負はその『夫役制度』の代わりか？

　雑学　夫役制度とは？

　　明治以前の幕藩体制時代においては、土木工事などの建造物は、ほとんど夫役制度によってなされてきた。村落毎に、工事の施工に必要な労働者の数を割り当てて、納税義務としての年貢米と同じように、労働の役務を課して、工事

11.01 「請負」とは

を成し遂げてきたが、このやり方を夫役制度という。

例えば江戸時代に行われた仙台藩の青葉城石垣の修復工事では労働力は藩内の領民、間口一間の家から成年男子一名を強制的に供出させて、昼夜の別なく一日1500人体制で、三年間で行われたといわれている。

ところが明治維新となって幕藩体制は崩壊し、年貢は地租となり、夫役は請負となった。つまり近代化を進めるに当たって、構造物や建造物が必要になってきたとき、官側は夫役制度の考え方から労務の提供をさせたのが、請負人の出発点であった。

そもそも「請負」が始まる以前にも治山や治水工事などをはじめ多くの公共工事が行われていたが、これは民衆による労働の役務で行われていた。しかし明治になって年貢米がなくなり、かわって税金という形でお金を支払うようになったとき、夫役の代わりに請負が必要となったわけだ。

そう考えて改めて請負契約書を読んでみると、現在の「請負」制度が封建制度における被支配者が請負人に入れ替わっただけの状態からはじまり、これを近代的な契約制度へと変革していこうという先人達の努力の結晶がみてとれる。「標準請負工事契約約款（やっかん）」は請負工事の契約条項を定型的に処理するために建設業法（第34条）に基づき定められたものである。公共工事では「標準請負契約約款」、民間工事でも「協定工事請負契約約款」というものを制定して、発注者（甲）と請負者（乙）が対等に近づくように努力がなされている。しかしまだまだ乙に対して甲が有利であるという片務性も残っていることに気づかれると思う。

ところで、請負制度の歴史的成立過程といわゆる「ゼネコン」の生い立ちについては次の書物に詳しい。

◆「日本のゼネコン－その歴史といま－」（岩下秀夫著、日刊建設工業新聞社）

11.02 新しい請負・契約方法
いろいろな契約方式があるが…

　21世紀を迎え、建設事業の遂行方式も新たな段階に入ってきていると思われる。局面は「談合防止」から「低価格入札」といった激しい競争がもたらす結果にどう対処するかに移っているようだ。このため、**図表－1**に示すような、実に様々な契約方式が試行されている。もっとも色々あるということはどれも決定的ではないということで、方向を見失っているともいえる。

　そこで背景にある本質的問題として、次の点を指摘しておくことにする。
1) 建設事業に関する社会的需要が圧倒的に減少していっている。
　・製造業は海外にシフトし、産業構造がサービス産業へと変化した。
　・急速に高齢化し、総人口が減少し続けている。
　（2050年の人口は約1億人と予測され、これは2000年の人口の約80％）
　・IT革命と言われるほど情報化社会へと急速な変貌をしつつある。
2) 「本当に必要なものが適正な価格でつくられているか」という疑念が建設事業について持たれている。
　・環境問題の高まり、談合問題
　・公共事業評価と住民参加
　・発注側の財政難、受注側の経営危機
3) 競争入札にかわる有力な契約方法がない。
4) 官民協力関係が崩壊した。

　かつて建設事業は資金的にも技術的も困難な事業で、官民それぞれが持てる力の限りを尽くして進められた。この時成立した官民間の役割分担や慣行は欧米民族の契約理念とははるかに異なっていた。現在これは官民の癒着で国民の利益に反するとされる。このため新しい理念が必要になってきている。

しかしだからといって「発注先のミスにもつけ込みどんどんクレームをつける」といった、契約社会の理念が日本に定着するとも考えられない。

どのようなシステムになろうと、技術なりノウハウは実際に自分の手を動かし、汗をかいた所にしか蓄積できないのは厳然たる事実であろう。願わくば今後官側に必要なものは「成果をあげた人がより多く給料をもらい、地位が上がる」システムであり、民側に必要なものは「実際に手を動かして得た成果が評価され、尊重されることだ」と思うがいかがであろう。

図表－1　入札方式

タイプ		競争方法	
従来型		指名競争入札	設計・施工分離方式
工事希望型			
標準	公募型		
施工計画審査	公募型		
VE方式	公募型		
標準型		一般競争入札	
施工計画審査型			
VE方式			
詳細設計付		競争入札	設計・施工一括発注方式
設計提案型			
技術提案		総合評価方式	
設計提案			
随意契約方式			
CM方式			
抽選方式			
セレクトテンダー方式			
混合入札方式			

1) 従来は設計・施工は分離するのが原則とされてきた。
2) 上記の方法は種々の組み合わせで試行されている。

契約に関する予備知識

①**一般競争入札**：
　契約の内容・入札の条件などを公告して、一定の請負要件を持つ不特定多数の者を競争に参加させ、そのうち最も発注者に有利な条件で申込みをした者と契約を交わす方式。

②**指名競争入札**：
　一定の資格を有する者の中から指名基準により選定した特定の業者に対して契約の内容・入札の条件などを提示して競争に参加させ、そのうち最も発注者に有利な条件で申込みをした者と契約を交わす方式。

③**随意契約**：
　競争の方式によらないで、任意に特定の者と契約する。緊急時、競争の方が発注者にとって不利な場合などに採用される。

・**VE（バリュー・エンジニアリング）：価値工学**
　建設分野では本来必要な機能を損なわずに、コストを最小限にすること。

・**PFI**：
　民間事業者の資金や技術を生かして公共施設などの建設、維持管理、運営を促進する社会資本の整備手法。

・**CM（コンストラクション・マネジメント）**：
　発注者の代理人として工程、原価、品質の監理をする手法。

11.03 建設業法
「元請け業者」の果たすべき役割を定める

　建設工事の完成を請け負うことを仕事としている者すべてに関わる法律として「建設業法」がある。

　建設業法は「元請け業者」の果たすべき役割を法規制しているが、その内容は次の3本柱にまとめられる。

　①建設業の許可制度
　②下請け保護（元請負人の義務）
　③技術の確保・向上

　これらのうち①は不良業者の排除を目的とし、③は具体的には主任・監理技術者制度と経営事項審査として実施されている。

建設業法の主な内容

　（公布：昭和24年5月24日）
　第1章　総則　（第1条～2条）
　　　目的、定義
　第2章　建設業の許可　（第3条～17条）
　　　許可の条件、申請、添付書類、許可の基準、変更、廃業
　第3章　建設工事の請負契約　（第18条～25条）
　　　原則、現場代理人、代金、見積り、保証、一括下請負の禁止、元請負人の義務、紛争の処理
　第4章　施工技術の確保　（第25条～27条）
　　　主任技術者、監理技術者、経営事項審査、建設業者団体
　第5章　監督　（第28条～32条）
　　　営業停止・禁止、許可取り消し、監督処分
　第6章　中央建設業審議会等　（第33条～39条）

しかし、②については「下請けを保護するのは元請負人の義務である」との法制定の考え方を理解しておかないと逸脱するおそれがあるので注意を要する。
・作業方法を決めるときはあらかじめ下請人の意見を聞かなければならない。
（意見の聴取：第24条の2）
・下請が法律に違反しないよう良く指導すること。（→指導の義務）
・違反してしまったら、指摘して是正させること。（→是正の義務）
・それでも言うことを聞かなかったら報告すること。（→報告の義務）
　これらが元請けの「監督責任」といわれるものである。一般の企業同士の契約関係とは明らかに違う。

　一方で、発注元と下請負人を規定する法律はあまりない。
　むしろ下請の社長には建設業法ではなく、労働安全衛生法上の事業者責任が大きくなっている。

COLUMN　いつも最低価格のカレーライスだけを食べるだろうか？

　ところで、建設工事の契約形式は一旦さておき、一般の購買における行動原理を確認しておこう。念のため申し添えるが、建設工事の契約あるいは請負の問題とは関係ない。

　　　　　＊　　　＊　　　＊

　いま、あなたは都心のオフィスに勤め、昼食にカレーを食べたくなったとする。このとき、まさかと思うが、
「必要とするカレーの仕様（量や入っているべき具の種類など…）を提示して、最低価格のところで食べる」
などという人がいたら、相当業界の毒に侵されていると考えられる。
　ここは、あくまで普通の購買行動である。

普通はおおよその予算を決めるのであろう。そしてその予算金額は自分の収入をベースに重要度の要素を掛けて決められるであろう。すなわち自分の使えるお金のうち、昼食にかける重要度によるのだ。切りつめたい人は少なく、食べるものくらいけちりたくない人は多くなる。（→**事業予算の設定**）

　次に、その予算金額をかかえて町へ出る。予算金額に対して最も成果を多く与えてくれそうなところを選ぶ。もちろん価値基準が異なると判断は変わる。価値判断には量を重視する者、味を大事にする者、質あるいは雰囲気を問題にするものなど色々考えれれる。（→**価値基準の設定**）

　予算を下回る金額の場合は良いが、オーバーするときはどうか。価値が高いと判断するときは予算枠を多少広げて採用することもあろう。判定は「得られる成果／値段」即ち値段の割に良いか、悪いかである。（→**価値判断の実行**）

　くどいようだが、「お宅のカレーの原価は400円と算定される。したがってこれに利益率1.5％を加えて460円で食べさせろ」という人はいないだろう。

＊　　　　＊　　　　＊

　あくまで、昼飯の話である。

　神聖なる公共工事を下世話な昼飯といっしょにしてはいけない。

　しかし、「おおよその予定価格を公表し、その価格で提供できる成果を提案させ、成果／価格から提案を選択する」という手順が、工事発注のしくみに広がっても不思議ではないはずだ。

11.04 施工条件明示と設計変更
なぜ施工条件は明示され難いか

「施工条件の明示」とは読んで字のごとく、「施工条件を明らかにして、示すこと」である。しかしこれが意外とむずかしく、本章「工事を請け負う」の最後を飾る重要ポイントになる。あらためて重要であると述べるほどであるから、逆に言うと努力しないと「明示されない」とも言える。

【施工条件明示は、なぜ必要か】
　土木工事では不確定要素が多く、施工途中で条件の変化に対応するため適切な設計変更は避けられない。途中で設計変更するためには契約時に積算根拠とした施工条件が明示されている必要がある。

【施工条件明示は、なにを目的とするか】
　良質な公共工事を実施するために必要な施工条件である「安全の確保」「工程の確保」「品質の確保」を三命題とする。受注者の便益は二の次である。

【明示すべき項目にはどういうものがあるか】
　多くを求めるとかえって得るものが少ない。重点指向された20項目の明示事項をP235の**図表－2**に示す。

【いつ、誰が、どのような方法で明らかにするか】
　入札前では受注者側が質問事項で確認する。工事途中の設計変更では甲（発注側）、乙（受注側）の協議・折衝の過程で示されよう。**図表－2**などを参考に明示されていない箇所を抽出すると良い。特に設計変更は発注者から口頭で行われることも多いが、台帳を作成しその都度文書化しておくことも必要である。

　それにしてもなぜ施工条件は明示され難いのか？。
　この最難関の質問に答える前に「海外工事」の契約についてその基本原則を

確認しておきたい。

ところで「海外工事なんて特殊」なのではなく、世界的に見ればFIDIC（国際コンサルティング・エンジニア連盟）の制定した土木工事契約約款に準じる方が一般的なのである。

海外工事の土木工事契約約款

①発注者と請負者の二者ではなく、間にエンジニアを介した三者の関係になる。エンジニアは職分上は発注者の代理人ではあるが、常に発注者と請負人との間に立って審判的役割を果たし、両者に対して公正であることを求められる。
②施工条件の変化は「クレーム」として処理する。「クレーム」とは単なる苦情・文句ではなく「請負金額・工期の変更を請求するという契約上の権利で、請負者自身の判断で行われるもの」である。

最も大きな違いは「クレームをつけないことは権利を放棄したもの」と見なされる点であろう。

さて、これらを踏まえた後、**「なぜ施工条件は明示され難いか」**について、考えられるものを挙げてみよう。

①施工条件の明示が必ずしも発注者の利益にならないと考えてしまう。
②施工条件は「あいまいで、一切を含む」というものが望ましい。
③一方で儲けている部分があるのに、部分的に欠けているところだけ言ってくるのは不合理だ。
④施工条件が多少変わっても企業努力で吸収するのがよい施工会社である。
⑤人の気づかない所をつくのは卑怯だ。
⑥明らかにできるよう務めるべきだが、明らかになったからといって解決ではない。情緒的に発注者の納得を得て、合理的に理由づけをする方が有効である。

むろん、必ずしも欧米的方法が日本にあてはまるものでもないであろう。しかしながら、やはり施工条件は明確にできるよう努めるべきであろう。なぜなら、社会の要求は情緒的・恩賞的な支払から、合理的・契約的なものへと移り変わっているからだけではなく、相互に問題点を予測し、解決を図っていこうという考え方のほうが結局は納税者の利益となると考えられるからである。

図表-2 土木工事の設計図書の明示項目および明示事項(案)――「条件明示について」(国土交通省大臣官房技術調査課長通達--国官技第369号)

明示項目	明示事項
工程関係	1. 他の工事の開始又は完了の時期により、当該工事の施工時期、全体工事等に影響がある場合は、影響箇所及び他の工事の内容、開始又は完了の時期
	2. 施工時期、施工時間及び施工方法が制限される場合は、制限される施工内容、施工時期、施工時間及び施工方法
	3. 当該工事の関係機関等との協議に未成立のものがある場合は、制約を受ける内容及びその協議内容、成立見込み時期
	4. 関係機関、自治体等との協議の結果、特定された条件が付され当該工事の工程に影響がある場合は、その項目及び影響範囲
	5. 余裕工期を設定して発注する工事については、工事の着手時期
	6. 工事着手前に地下埋設物及び埋蔵文化財等の事前調査を必要とする場合は、その項目及び調査期間。又、地下埋設物等の移設が予定されている場合は、その移設期間
	7. 設計工程上見込んでいる休日日数等作業不能日数
用地関係	1. 工事用地等に未処理部分がある場合は、その場所、範囲及び処理の見込み時期
	2. 工事用地等の使用終了後における復旧内容
	3. 工事用仮設道路・資機材置き場用の借地をさせる場合、その場所、範囲、時期、期間、使用条件、復旧方法等
	4. 施工者に、消波ブロック、桁製作等の仮設ヤードとして官有地等及び発注者が借り上げた土地を使用させる場合は、その場所、範囲、時期、期間、使用条件、復旧方法等
公害関係	1. 工事に伴う公害防止(騒音、振動、粉塵、排出ガス等)のため、施工方法、建設機械・設備、作業時間等を指定する必要がある場合は、その内容
	2. 水替・流入防止施設が必要な場合は、その内容、期間
	3. 濁水、湧水等の処理で特別の対策を必要とする場合は、その内容(処理施設、処理条件等)
	4. 工事の施工に伴って発生する騒音、振動、地盤沈下、地下水の枯渇等、電波障害等に起因する事業損失が懸念される場合は、事前・事後調査の区分とその調査時期、未然に防止するために必要な調査方法、範囲等
安全対策関係	1. 交通安全施設等を指定する場合は、その内容、期間
	2. 鉄道、ガス、電気、電話、水道等の施設と近接する工事での施工方法、作業時間等に制限がある場合は、その内容
	3. 落石、雪崩、土砂崩落等に対する防護施設が必要な場合は、その内容
	4. 交通誘導員、警戒船及び発破作業等の保全設備、保安要員の配置を指定する場合又は発破作業等に制限がある場合は、その内容
	5. 有毒ガス及び酸素欠乏等の対策として、換気設備等が必要な場合は、その内容

CHAPTER 11 工事を請け負う

工事用道路関係	1. 一般道路を搬入路として使用する場合 （1）工事用資機材等の搬入経路、使用期間、使用時間帯等に制限がある場合は、その経路、期間、時間帯等 （2）搬入路の使用中及び使用後の処置が必要である場合はその処置内容 2. 仮道路を設置する場合 （1）仮道路に関する安全施設等が必要である場合は、その内容、期間 （2）仮道路の工事終了後の処置（存置又は撤去） （3）仮道路の維持補修が必要である場合は、その内容
仮設備関係	1. 仮土留、仮橋、足場等の仮設物を他の工事に引き渡す場合及び引き継いで使用する場合は、その内容、期間、条件等
	2. 仮設備の構造及びその施工方法を指定する場合は、その構造及びその施工方法
	3. 仮設備の設計条件を指定する場合は、その内容
建設副産物関係	1. 建設発生土が発生する場合は、残土の受入場所及び仮置き場所までの、距離、時間等の処分及び保管条件
	2. 建設副産物の現場内での再利用及び減量化が必要な場合は、その内容
	3. 建設副産物及び建設廃棄物が発生する場合は、その処理方法、処理場所等の処理条件。なお、再資源化処理施設又は最終処分場を指定する場合はその受入場所、距離、時間等の処分条件
工事支障物件等	1. 地上、地下等への占用物件の有無及び占用物件等で工事支障物が存在する場合は、支障物件名、管理者、位置、移設時期、工事方法、防護等
	2. 地上、地下等の占用物件工事と重複して施工する場合は、その工事内容及び期間等
薬液注入関係	1. 薬液注入を行う場合は設計条件、工法区分、材料種類、施工範囲、削孔数量、削孔延長及び注入量、注入圧等
	2. 周辺環境への調査が必要な場合は、その内容
その他	1. 工事用資機材の保管及び仮置きが必要である場合は、その保管及び仮置き場所、期間、保管方法等
	2. 工事現場発生品がある場合は、その品名、数量、現場内での再使用の有無、引き渡し場所等
	3. 支給材料及び貸与品がある場合は、その品名、数量、品質、規格又は性能、引渡場所、引渡期間等
	4. 関係機関・自治体等との近接協議に係る条件等その内容
	5. 架設工法を指定する場合は、その施工方法及び施工条件
	6. 工事用電力等を指定する場合は、その内容
	7. 新技術・新工法・特許工法を指定する場合は、その内容
	8. 部分使用を行う必要がある場合は、その箇所及び使用時期
	9. 給水の必要のある場合は、取水箇所・方法等

CHAPTER ⑫
人や組織を評価する

　建設現場ではいったいどのくらいの人が働いているんだろうか。
最近の機械化が進んだ工事でも1億円で千人などという例はごく普通である。

　すなわち年間10億円の工事だと延べ1万人が働いたことになる。
　しかも建設現場においては、これらの人たちの所属する会社や経歴は実にまちまちなのである。

　もちろん、みんなで仲良く仕事をやり続けることができればありがたいが、世の中はそうは甘くないようだ。

　これら多様な人たちの集まる現場において、人や組織を評価することは避けて通れない。

CHAPTER12 人や組織を評価する

12.01 「正しい評価」だけがすべてではない
成果主義の功罪＝隗より始めよ

　次は「戦国策」にある「隗より始めよ」の故事である。
　その昔、燕の昭王が隗（かい　人物名）に賢臣を求める方法を尋ねた。
　隗が答えて言うには「それならば、まず自分のようなつまらない者を登用してください。そうすれば賢臣が次々に集まって来るでしょう。」

　現代に戻って、X氏とY氏の会話。
X：「おい。お前○○工務店のZをどう思う？」
Y：「そうですねぇ。なかなか優秀な人だと思いますよ。」
X：「お前は甘いな。あれぐらいの奴はどこにでもいるよ。」

　Xは○○工務店のZさんを使う立場にあった。そのため、この話はどこからともなくZさんに伝わったようだ。
Z：「そうか。Xは俺のことをその程度にしか思っていないんだ。何のために毎日一人で走り回ってきたのか分からない。じゃぁ、どこにでもいる奴程度にしておこう。」

　そして彼は評価に合わせた行動をとることにした。

人は変幻自在…

　あなたは「評価してくれなかった」と感じた後、やる気が失せた経験はないだろうか？
　逆に、「評価された」と感じたとき時になぜかしら頑張ったことはないだろうか？

もしそうであるなら、昨今「実力主義」の名のもとに広く行われ始めている「成果に応じて評価する」ことは間違っていることになる。

我々人間はむしろ評価に応じて能力を発揮する所があることに先達たちは気づいていた。それが「隗より始めよ」などの言葉で残されている。

人間の能力は変幻自在でつかみにくく、むしろ「正しい評価をすればそれでよし」とする考え方ほど独善的なものはない。

例えば次のような場合、あなたならどういう選択をするだろうか。

地盤改良工事を請け負った「凸凹建設」がある大きなトラブルを発生させた。工事は何とか終えたものの、当然その実績の評価はＣランクとなった。一方「ぽちぽち建設」は最近はあまり仕事をしていないが成績はＢランクであった。

そこにまた同様の地盤改良工事が計画され、業者を選定することになった。

(選択1)

凸凹建設は前回のトラブルの原因を追求し、ほぼ正しいと思われる対策を実施している。今回は名誉挽回のためきちんとした仕事をするだろう。それにトラブルの怖さも知っている。したがって「凸凹建設」に発注する。

(選択2)

当然、成績ランクの高い「ぽちぽち建設」に発注する。もし成績ランクの低い「凸凹建設」に発注して何かあったら、言い訳ができない。

成果主義についての「トーナメント理論」というものをお聞きになったことがあるだろうか。それは次のようなものであるが、あくまで「理屈としてはありえる」とだけ考えていただきたい。

ここに全く偶然だけで勝てるゲームがあったとしよう。サイコロを振って出る目の偶数・奇数でもいい。二人一組で当てた方を勝利者とする。このゲームをトーナメント制で同期入社組の32人で始めたとしよう。1回戦で16人に減る。その後2回戦で8人と順に減るので5回続けた後には5回勝ち続けた1人の勝者と31人の敗者が残る。5回勝ち続ける者は1/32しかいないが必ずいる。

12.01 「正しい評価」だけがすべてではない

CHAPTER 12　人や組織を評価する

　ところでこの幸運にも5回勝ち続けた勝者が次に他の誰かと勝負をしたとしたらやっぱり勝つのだろうか？。確率の理論によると残念ながら彼が次に勝つ確率はあくまで1/2にすぎない。
　さてここで評価を成果だけで決める理想的組織があったとしよう。そしてその成果というものが、繰り返して言うがありえないことだけど、ほぼ五分五分の偶然で得られるものであったとすると、偶然に5回連続して成功を収めた1人の者が、成果主義の結果として選ばれる。しかし、この会社の将来を託すべき"選ばれた者"が次に成功するかどうかは、やはり五分五分の確率にすぎない。評価を成果だけで決める理想的なしくみをもっているのにかかわらず…。

　「実際にはこんなことはありえないはずだ。」と思う。しかし一方で何かしら思い当たるふしがあるような…。

12.02 「合意」なき所に「評価」なし
評価と成果

　人物なり組織を評価するに際し、できるだけ公正にしたいとの考え方は全く正しい。

　このため、点数制度なるものが採用されることがある。しかし模範解答のある試験でもないかぎり、すべての評価者が同じ点数をつけるわけなどありえない。むしろ、私達はまず主観的に評価を決め、その決めた評価に応じて点数をつけているにすぎないのではなかろうか。

　「曖昧な点数制度ほどかえって個人の好みが反映されることがある」という事実に気をつけたい。点数という一見合理性を持つような姿をしているだけになおいっそう厄介である。当たり前の話であるが、評価には他ならぬ評価者の実力が反映されるということだ。

　以上の考察から、私たちが発注元、ゼネコン、専門工事会社やそれに属する個人や組織、あるいはその仕事ぶりを評価するとき、次の項目に気をつけなければならない。

①評価者を選ぶ

　評価者の選定を誤ると有能な個人や組織を失う。評価者を複数用意するのも対策として有効だ。ただしそれぞれの評価者間に支配・従属関係があってはならない。なぜなら下位の評価者は上位の評価者に準じてしまうからだ。加えて評価者の評価をすることによりその品質を保持したい。

②加点法の評価を取り入れること

　とにかくここは良かったという点を思いつくだけ取り挙げることを行う。当然良かった点が多くあった方が優良であったといえる。ここに減点（悪い点）を介在させると「みんな良い所も悪い所もありました」などと小学校の成績み

たいになり、評価にならない。悪かった点については、原因の究明をはじめ、改善の方向性があるかどうかで評価しておきたい。

③評価は相手に合意されたか、少なくとも伝わったか

「評価の結果を知らせると士気に影響する」として評価結果を相手（被評価者）に教えない場合も多い。だが実は、自らの評価の正当性に自信がない評価者が非難を恐れているためだけなのかもしれない。

しかし「野球選手の契約更改」でも見られるように、「評価する者とされる者が意見を交わした後に合意した」という形で評価が行われるようにしたい。

具体的には次のようになれば望ましい。

＜良い例１＞
──君の所の溶接はサイズがまちまちであった。
「いいえ、あれは設計では一定なのですが、本来板厚によりサイズを変えるべきところです。そのためにわざわざ変えたもので、逆に評価していただきたい点です。」

＜良い例２＞
──アブレイシブジェットによる貴社の鋼材切断作業は排煙がないという安全性に優れていた。また応用性の高さでは今後の研究開発に期待度が大きい。ただし装置の設計にいわゆる遊びの部分がなく、これが施工効率を低下させていたと評価している。あなたはこの評価についてどう考えるか？
「安全性、今後の可能性について評価されたことに満足している。さらに今後のニーズについて教えていただきたい。一方、装置については時間的制約もあり既存の機械を利用したためで、当方としても満足していない。今後は時間的余裕をもう少し頂きたい。」

「評価する者とされる者が意見を交わした後に合意した」かたちでの評価は、現場においては思う以上に実施されているものだ。またこれらがよく行われている現場ほど良い成果を得ているに違いない。

12.03 権限のあるところに責任が生まれる
責任追及型から原因究明型へ

　ここからは架空の物語である。

　テレビ放送が臨時ニュースを伝えていた。
「本日未明。××空港に着陸しようとした○○航空の旅客機が着陸に失敗し炎上しています。詳しいことは分かっていません。情報が入り次第お知らせします。」
　事故を起こしたBB7X7型機は最近フメリカ国からハポン国に導入された最新鋭の大型旅客機であった。事故は死傷者300名を越す大惨事となった。
　事故の責任を追及する声が挙がった。
　この飛行機を導入した○○航空では、
「あの飛行機は、航空省の管轄する導入飛行機事前審査委員会の審査を受けており、手続きは全く規則通り行われ、何ら問題がなかった。」旨を発表した。
　世間の目は審査委員たちに向けられた。
　責任を追及された審査委員会の委員たちは、
「審査委員会のメンバーはそれぞれ自分の専門分野では手落ちがなかったことを陳述し、大型旅客機は膨大な技術の集積であることを強調した。」
　そのうちマスコミの☆社がスクープを報じた。
「審査委員会のB氏に○○疑惑！　問われる航空行政！」
　次第にマスコミの矛先はこのような委員たちを指名した航空省に向けられることになった。
　結局、先月就任したばかりの航空大臣が責任をとって辞任した。そしてテレビのキャスターも務めていた航空専門家のB氏は当然責任をとらされるかたちで番組を降ろされた。その一方で、事故調査委員会はこの事故は予見不可能だったとの結論を出した。

CHAPTER 12 人や組織を評価する

　ところがその約1ヶ月後、同型機を運航するフメリカ国の△△エアーが同様の事故を起こしたのだ。
　ハポン国での事故を独自に調査し、事故の原因が緊急システムのプログラムにありそうなことをほぼ突き止めていたフメリカ国では、ホマバ大統領が次のような発表を行った。
　「同型機は事故原因が解明されるまで直ちにその運航を中止する。また同国の専門家を総動員して緊急システムの見直しをすすめ、徹底的な事故原因の究明を行う。」
　この架空の物語はこの辺で打ち切ろう。

　何かのトラブルや事故が生じた場合、「責任を追及する」文化と「原因を究明する」文化があることはどうも事実のようだ。あなたの職場が責任追及型にむかっていると気づいたら、そしてその時もしトラブルや事故を再発させたくないと考えたのなら、原因究明型に方向転換しなければならない。

あなたの組織はどっちのタイプ？

　工事課長のC氏は、今日は私用で早めに帰りたいと言っていたD君が残業をしているのに気づき、声を掛けた。
　——おい、今日は早く帰るんじゃなかったのか？
　「ええ、そうなんですけど。午後の電話とか、皆さんの話を聞いていると、どうも明日の○○との折衝には私が当たらないといけないなと思いまして…。それなら少なくとも資料だけはやはり今日中にまとめておいた方がよいかと…。」
　——そうか、じゃあ頼むよ。
　明確な指示があったわけではない。いわゆる"あうんの呼吸"というものだろうか。要するに雰囲気を読んで、必要な手を打ったのだった。しかも私用を犠牲にしていた。

最近この現場に異動してきたD君はこの行動により、一気に上司の信頼を勝ち得た。

「あいつは、なかなか（便利で、都合が）いい。」

「責任追及」の文化があるところでは、これを避けるために巧妙なシステムができおり、それに適合することで組織のメンバーとみなされるようだ。この「責任追及を避けるシステム」はむしろ必要悪として育てられてきたのかもしれない。

「全員が担当者だ。」
「みんなで見ることにしよう。」
「何かあったら全体責任だ。」
などという発言が聞かれるとしたら、あなたの組織は「責任追及型」だ。

12.03 権限のあるところに責任が生まれる

CHAPTER 12　人や組織を評価する

　そういった組織では責任追及をかわすため「役割分担を明確に」しない。明確に「D君にやらせる」と分担を定め、もし彼が失敗したら、「責任を追及する文化」では、彼にやらせた者までが責任を追及される。それは危険だ。それより、それぞれがなんとなく役割を分担してくれた方が都合がいい。なぜなら成功したときには「自分がやらせた」と言えばいいし、失敗したときは「あいつが勝手にやった」と言えばいいからだ。

　しかしながら**責任追及をやめ、「役割分担を明確にする」ことによって、物事の真の原因を究明する考えや行動が育つ。その結果、失敗を生かし、これを成功に導く道が開ける。**

　さらにこの「責任」と表裏一体の関係があるものに「権限」がある。「権限を委譲すること」が行われていないのも「責任追及型」組織の特徴だ。なぜなら、「権限」を委譲することは「責任」の範囲を明確にするという最も危険な行為に他ならないからだ。

　失敗の責任を追及されるだけではリスクを負担するものはいなくなる。サッカーでいえば誰もシュートを狙う者はいなくなる。シュート失敗のリスクを避け、せいぜいアシストの評価を拾うべくゴール前で苦し紛れのパスを出すばかりだ。彼に自分の判断でゴールを狙う権限を与えよう。

　「権限委譲を大いに行うこと」により「組織を構成するメンバーの意欲を向上させ」、「能力を最大限に活用する」道を選びたい。

CHAPTER 13
管理手法を使う

　建設現場の管理のために「目標」「チェックリスト」そして「マニュアル(作業標準書、作業手順書)」がない職場は「ない」と思われる。

　これらは、それほど良く使われる管理のための「手法」であるが、その使い方には十分な注意が必要なようである。

13.01 目標管理
目標が効果を失うとしたら

　工事担当のE主任は今日も工事会社の責任者を集め大声をだしていた。
「□社さんの所は今日までに終わらせると言ったのにどうしてできないですか！　約束したんだから残業でもなんでもして間に合わせてください。次に待っている会社があるんです。みんなに迷惑をかけているのが分からないんですか！」
「ところで、△社さんの所は間に合うんでしょうね。何！分からないって！！来週までに終わらないとお盆休み前に次の工程までできることにならないんだ。今ここで終わらせるって約束しろ！！！」
　E主任だけが工程遵守が好きなのか？　いや、そうではあるまい。言われた方も納得しているようだからだ。
　それほど工程遵守には説得力がある。

　作業員のFは張り切っていた。今日は杭頭部の切断20箇所という「小回り（＝その日のノルマ。達成したものから作業を終了できる。）」をもらったからだ。大ハンマーをふるってのなかなかの肉体労働だ。でも終われば帰れる。「そうだ、終わったら○○へ行こう。」

　これらの例でも分かるように、目標はその達成度が体感できるものほど一生懸命になれるようだ。「杭切断○本」といった具体的数字や「何日までに」といった工程日数は達成度がとりわけ分かりやすい。そのために説得力があり、多くの人がその目標に向かって行動する。
　営業部門の成績を表わすグラフで代表されるように、具体的目標が目に見える形で示されている時、多くの人が努力することは広く認められている。またそれゆえにこれをうまく利用するための工夫も頻繁に行われている。

13.01 目標管理

　安全の面では無災害記録や度数率、強度率がある。コストでは工事損益の目標利益率やその向上率といったところか。品質に関しては「不良率〇％以内」などの形で目標が掲げられている。
　しかし、これらの目標は先程の「小回り」や「工程」に比べて、どうも見劣りがしてはいないだろうか？　何故だろうか？

　無災害時間は確かに具体的数字ではあり、結果を評価する際には有効であろう。しかし工事の途中においては、今日まで何時間無災害であったとしても、明日が無災害である保証はないだろう。したがって今日までの無災害時間が長くても「明日以降のことは分からないなぁ」と思えてしまう。これに対して、営業成績なら明日の数字は今日までの数字の累積のうえに成り立つ。
　では目標利益率はどうか。これも具体的数字ではないか。しかし、違うのだ。工事の利益は今日の出来高と今日の支出を差し引きするだけでは獲得できない。時には戦略的に資金をかけたり、現場の状況によっては今日の進捗をあきらめ準備をやり直す方が最終的に利益の向上に結びついたりする。
　品質についてはさらに困難だ。大量生産製品ではない建設現場の今日の品質とは具体的数値ではどうなるのか？

　では、いま一つとらえどころのないこれら安全やコスト・品質に関する目標と、先の「小回り」や「工程日数」などのように**多くの人が集中できる目標との差は何処にあるか。**
　その鍵は**「日々その達成度が体感できるものかどうか」**という点にある。
　「安全設備の改善例の事例を〇件出す」という目標もいい。しかし、各グループが掲示板に目標を記入することと決め、どのグループが一番早く目標件数に到達したか分かるようにしておくと、より早く到達できる。
　「保護具着用の励行」とただ掲示するより、大きな鏡をあわせて設置しておくのはどうだろう。
　「コンクリート工事の利益率を1％向上させる」より「コンクリート打設工事

費を100万円コストダウンする」の方が良い。さらに「機械・人員を見直し日打設量〇〇㎡を確保する」とすることによりさらにパワーアップする。

「配筋間隔の検測表」で出来栄えを評価することも良いが、配筋全景の写真を撮り隣接ブロックとその出来栄えを見た目で比較できれば、より効果的であろう。

達成度が実感できるものほど一生懸命になれる。「日々その達成度が体感できる」、そういう目標を定めることができるかどうかが、期待した効果を得るための鍵となるのであろう。

しかしながら、現実には目標を作ること自体が目標と化し、日夜多量の目標が策定されている。多くは作られるばかりで達成されたかどうかも分からない。それが効果を持つかなどと頭を絞った形跡もない。それとも、達成されたかどうかが皆目わからないような目標は、多量の目標を要求される者達の我が身を護る術なのだろうか。

13.02 何でもチェックリスト？
正しいチェックリストの作り方・使い方

　建設現場にはチェックリストがあふれている。
　そこでチェックリストの歴史的経緯に触れることによりその対策を考えたい。
　チェックリストの発展に触れるエピソードが石崎秀夫著「機長のかばん」（講談社）に記されている。これを参考にすると次のような経緯が類推される。
　　　　　　　　＊　　　　＊　　　　＊
　第二次世界大戦での話である。この戦争に航空機が大きな位置を占めることにいち早く気づいた日本は、優秀な人材を全国から集め、彼らに徹底的な訓練を施した。それでも飛行機を手足のごとく操縦できるようになるには膨大な訓練が必要だ。しかし選ばれてきた優秀な人材が十分に訓練された結果、日本のパイロット達は優秀であった。このため彼らが「操作手順を覚えていない」とか「間違う」ことなどということは想定すらされていなかったのである。
　一方、一歩遅れて第二次大戦に本格的に参戦した米軍はパイロットを大量に必要としていた。飛行機は大量に作ることができてもそれを操縦する者がいないとただの金属の固まりだ。優秀なパイロットは欧州戦線に出払っている。そこで日本本土空爆のため航空機の運行にチェックリストを活用することとした。
　航空機操縦のためには多くの手順が必要だ。パイロット達がこの手順を間違わないようにチェックリストとして完成させたのだ。誰がやってもそのとおりやればできるようにしたのだ。その結果、急いで徴集した人たちも短期間で飛行機を操作できるようになった。これにより多量の飛行機が日本に飛来することになった。
　一方、そのころ日本では優秀なパイロットの精鋭達は激戦のためすでに亡く、日本の方法ではその養成に多大な時間を要するため訓練も不十分なまま多くの

パイロットが出撃し、それがまた損失に拍車をかけた。こうして、物資の欠乏と相乗され、悲惨な結末へと向かった。

　　　　　　　＊　　　　＊　　　　＊

　私の類推も含まれているので歴史的事実に多少の誤解があるかもしれない。しかしこのエピソードは「チェックリストをどう作ればよいか」「どう使えばよいか」については示唆を与えてくれる。

　それは次のようなものだ。

チェックリストの作成・使用方法

1) チェックリストはこれを見ながら行える作業状況でないとその利用は難しい
　→チェックリストは本来は見ながら、あるいは誰かが読み上げながら行うものだからである。

2) ある作業に非常に詳しい人にチェックリストを押しつけても、うまく機能しない。他の方策を考えるべきである
　→チェックリストは元々はあまり詳しくない人に一連の操作を実行してもらうときに有効だからである。

3) チェックリストの利用は期待以上の効果をもたらさない
　→チェックリストは書いてあるとおりに行えば、どんな人でも平均的な成果が得らるようにするものだからである。

4) チェックした者にチェックリストにないことまで責任は問えない
　→したがって、チェックリストの作成者はその手順に熟達している必要がある。加えてその実行の結果に責任がある。

5) チェックリストだけに頼ってはいけない
　→チェックリストには重要なポイントを見逃さない効果があるが、逆にポイントを限定してしまうものである。

6) 中途半端なチェックリスト、改定されていないチェックリストの利用は危険である
　→チェックリストに誤りがあってはならないが、この世に完璧なものはないし、状況は変化する。不具合が改善されていなければならない。

13.03 作業標準（マニュアル）のうそ
その作業標準は責任回避の手段か？

　『□□の作業標準』がやっとできた。明日から始まる作業のためにＧ工事課長から矢のような催促を受けていたのだ。「『□□の作業』なんて３日間で終わるから見逃して欲しい。」と言ったが許してもらえなかった。
　「やっと、作業標準ができました。ちょっと見てください。」
　──おい、作業標準に必要なことは書いてあるだろうな。
　「はい、ちゃんと一番大事な『旋回範囲に注意』を書いてあります。その他にも、『合図はしっかりと！』『玉掛けワイヤーの確認』も書きました。それに『吊荷に注意！』に『頭上注意』でしょ。・・あ！『手元・足元注意』を忘れてた！」

あなたの目の前の作業標準は"注意書き"ばかりになっていないだろうか。作ることに精いっぱいで、注意事項ばかりの作業標準は何かあったときの、言い逃れ、責任回避のためかと思われる。もしもの事があった場合には「ちゃんと書いてあったのに守らなかった」というわけになるのだろうか。作業標準に書きさえすれば、あとは個人の注意力の問題なのだろうか。

作業標準（マニュアル）のうその第1号は「作業標準は責任回避の手段か。」という点にある。

その作業標準がなくても仕事はできる？

ここにひとつの作業標準の例がある。×××は何か？　想像してみていただきたい。

　　　　　　　＊　　　　　　＊　　　　　　＊

『×××の使用についての作業標準』

1. 作業前の点検
　××を防護カバーより取り出し、数回可動し異常の有無を点検する。異常を感じた場合、管理責任者に申し出て、注油等の必要な措置を講じる。
2. ×××の準備
　×××を使用する手と反対側の手で一旦取り上げる。次に使用する手の親指から順に××にあてがう。
3. 対象物の保持
　×××を使用する手と反対側の手で対象物をしっかり保持する。この時全ての指が対象物に当っていることを確認する。
4. ×××の操作
　×××を開、閉の順で操作すると同時に対象物方向へ移動させる。この時視線の角度は水平から下45度程度を標準とする。注意：操作中は目を離さない。

　　　　　　　＊　　　　　　＊　　　　　　＊

そろそろお分かりだろう。そう「×××」とは「ハサミ」でありその使い方を

詳細に説明したものである。しかし、あなたはこの作業標準をみながら「ハサミを使用する」だろうか。いやかえって手を切ることになるのでお勧めできない。

「ハサミの使用」だけではない。建設工事の作業においても残念ながら紙に書いてある作業標準をみながら仕事をしている人は見たことがない。

では全部覚えているのか。映画の脚本でもあるまいし、全部覚えていないと「ハサミを使えない」なんてありえない。

作業標準は見ながらやるものでも、覚えてやるでもない。そのため「作業標準はなくとも仕事はできる」。これが作業標準（マニュアル）のうその第2号である。

その作業標準で品質が向上し、事故が減るのか？

H所長は今日も怒っていた。

——おい、作業標準に『旋回範囲内への立ち入り禁止措置を行う』と書いてあるだろう。なぜ守らない？

「囲うとかえって危険なんです。」

——じゃぁなぜ、事前の作業標準の検討会でそう言わないんだ。あれはみんなで決めたことだろう。

「あんなところでは言えません。それに俺達はいつもこうやってるんです。」

「みんなで決めたことだから。」ということにも、「ああいう席では言えない。」ということにも、どちらにも日本人のメンタリティを感じる。

作業標準に強制力があれば、俺のやり方にこだわる人たちに言うことをきかせる効用があるのかもしれない。しかし、ちゃんとそのとおりやっているかどうかを常に監視しないといけない作業標準で「品質が向上し、事故が減るのか」。その効用についての疑問が作業標準のうそ第3号である。

作業標準と伝承を融合させよう！

CHAPTER 13 管理手法を使う

　ここで、作業標準と対極にある世界を考えてみたい。すなわち伝統技法であり、職人仕事の世界である。とてもマニュアルがあるとも思えない。

　　　　＊　　　　＊　　　　＊

　「うちにはね、焼き入れ温度の目安にする色見本帖があったんですよ。(中略)当時としては最新の金属工学情報で、この色だと何百度というようなことが、みんなかいてあるんだ。

　はぁ、これは便利なもんだなって、私も参考にしました。けど、それは理屈を知ってたということにすぎないんです。本を読んで頭で理解したとたん、手までできあがるってわけではない。」

　(「鍛冶屋の教え」かくまつとむ著、小学館、傍点筆者)

　　　　＊　　　　＊　　　　＊

　「そういうこと教えてやればいいのに、教えてやらん。職人ていうのは、根性が悪いからな。お前、それで苦労せいちゅうようなもんや。自分でおぼえていかなしょうないわな。(中略)

　周囲の人で、自分よりうまい人を見て、おぼえなあかんのや。あの人のカンナは、何であんなによう切れるんやろ、思うたら、休憩でみんなが休んでいるときに、そーっとその人のカンナを調べてみるんや。そうやっておぼえるのや。

　盗みとるんや。そに人の技量をね。教えられても、ようおぼえんもんや。」

　(「木に学べ」小学館ライブラリー、薬師寺棟梁　西岡常一著、傍点筆者)

　　　　＊　　　　＊　　　　＊

　「棟梁の家に伝わる家訓のこと話しましょ。だいたい10か条ほどありますのやが、これはわたしの家に伝わるんじゃのうて、法隆寺の大工に伝わるもんです。

　法隆寺の棟梁がずっと受け継いできたもんです。文字にして伝えるんではなく、口伝です。文字に書かしませんのや。

　百人の大工の中から、この人こそ棟梁になれる人、腕前といい、人柄といい、この人こそ棟梁の資格があるという人にだけ、口をもって伝えます。

文章にすると今の学校教育と一緒や。みな丸暗記してしまうと、試験しよったらみな百点でっしゃろ。それではちっとも分かっていない。丸暗記しているだけで。

そういうのはいかんちゅうんで、本当にこの人こそという人にだけ、口をもって伝える。それで口伝や。」

(前出 「木に学べ」、法隆寺・薬師寺棟梁　西岡常一著)

＊　　＊　　＊

作業標準(マニュアル)がこれら徒弟制度で代表される伝統的な技術の伝承に対抗するために生まれ、育ってきたことは容易に想像できる。それは産業革命であったろうし、移民の国アメリカの生きる道であったと考えられる。伝承を伝えてくれる先達は少なく、育てている暇もない。「マニュアル」の発展は、言葉の異なる未熟練者達が合理的にものを作るためにとった非常手段がもたらしたものかもしれない。

しかし、それが世界を席巻した。

こういった経緯を考えると、われわれは「マニュアル」をそのまま受け入れる文化を持っていないのではないかと想像される。逆に職人技を大事にする文化をもっている。明文化されているルールを守ることより、言外の意味をくみとるといった"気配り"を大事にする文化だ。

「作業標準(マニュアル)」をめぐるこれらの考察が、我々の生産手法についていくつかの示唆を与えてくれる。

その1　「作業標準」に書いてあることを習慣にできないか

「手に職を」という伝統がある。職人さん達が「親方の目を盗んで何度も繰り返し修練し、自分の技術とした。」とまではいかなくとも、作業標準の内容を習慣・クセにできないか。逆に作業標準を習慣・クセを作り上げるガイドにできたら有効であろう。

安全帯を使用する。足場板は固定する。高さ2m以内に作業床を設ける。作業標準に書かれているこれらのことが「作業標準を見ながら」、「覚えて」行われるのではなく、習慣・クセとなってしまうことは大きな結果をもたらすに違

いない。

その2 「作業標準」が方法を改善する道具にならないか

「作業標準」に従って施工を行う。このとき、もし「作業標準」の方法でできなかったら問題にする。そうなのだ！ 問題にする＝問題の提起こそが解決の第一歩なのだ。

「言ったのに、書いてあったのになぜやらない」という責任追求形では解決しない。できなかった理由を考え、またできる方法や手順、道具を考え、これらを見直すという作業に「作業標準」を道具として利用できないか。

こうして作業が改善され、「作業標準」が改訂されることにより、誰がやってもそうなるようにできるのではないか。そして、注意書きだらけの作業標準を卒業しよう。

その3 「作業標準」を技術者と職人の合作にできないか

「寄り合い」という習慣がある。みんなで集まり、その場で合意した事柄に従う。そういうメンタリティを私たちは持っている。もしそうであるならば、技術者と職人さんが集まり、ノウハウを出し合い、いっしょになって方法を考えたい。そして、その結果を「作業標準」に反映させたい。

もしも「作業標準を技術者と職人のノウハウの合作」とすることができたとしたら、そしてそれらが文化的伝統により、強制ではなく、みんなで合意したこととして守られれば、その生産性はマニュアルを生んだ国を陵駕できるのではないだろうか。

CHAPTER ⑭
技術・施工方法を改良する

　技術開発は各社・各組織がその発展と生存をかけて、戦略的に行うものであろう。

　しかし戦略的技術開発であっても、それは「大きな技術のネットワーク」の一部なのである。

　一人の職人さんが腕を磨き、自ら工夫することを侮ってはいけない。

　現場の最前線で日夜行われる技術の改良なくして、巨大なプロジェクトも成立しない。

14.01 電話一本が決め手？
流動化埋戻し工法の普及

「流動化埋戻し土」というものをご存知だろうか。「流動化処理土」とも「マンメイドソイル」などとも呼ばれている。

掘削などにより現場から発生する残土にセメントと水を混ぜ、どろどろの状態、すなわち流動化したもので、これを埋戻しに使用すると自ら固化するため、転圧という工程が不要になる。その名のとおり流動化しているため、狭い所にも流れ込む。このため、転圧の不足などから将来に沈下するなどというおそれもない。

図表ー1　流動化処理土取扱い基準——東京都建設局(平成10年4月1日)

項目	規格値
一軸圧縮強度（28日）	13～55N/cm²
	1.3～5.6kgf/cm²
フロー値	18～30cm
ブリージング率	1％未満

この工法自体は古くから知られ、大きなプロジェクトでは専用のプラントを作るなどして利用されていた。発注機関でも大学などの研究者と共同で研究会を結成し、その取扱い指針（案）の類も準備されていた。

折りから環境問題の広まりを背景に建設残土の発生量削減が叫ばれ、流動化埋戻し工法によりそのリサイクルができることからこの工法の有利性が提唱されていた。

何が大変か？

しかしながら、一般には利用はされていなかったし、多くの現場に広まる兆候もなかった。私も狭い都内の現場内にプラントを設置してこの流動化埋戻し土とやらを作ってみたが、大変な思いをさせられた。何が大変か？

それを列挙すると次のようになる。

①発注者に承認を得なければいけない

いくら良い工法とはいっても、当時はいわゆる標準的な工法ではなかった。このため、なぜそれを使うのか、他の工法（たとえば発泡モルタル等）とどこが違うか、どこが有利なのか、本当に大丈夫か、何をどう管理すればよいか等々の資料をとりそろえて説明しなくてはいけない。当たり前であるが、これが標準工法であったり前例があったりすると不要なことは言うまでもない。

大量に使用するとか、非常に有利か、あるいはよほど好きかでもないと、これらの手続きは煩雑であるため遠慮したいと考えるのが順当であろう。

②プラントを設置し、自らその品質管理をしなければならない

バッチャープラントというものは、近隣の住民との関係もあるため、その設置に多方面との協議が必要である。おまけに最初から流動化埋戻し用のプラントが市販されたり、リースされたりしているわけでもない。それに近いプラントを改造して使用するしかない。また当然ながら、機械の維持点検や操作のためのマニュアルも用意しないといけないし、操作員の教育も必要だ。さらにできあがった製品の品質について保証する方法も定め、実施しなければならない。

あらかじめお断りしておくが、これらの工程が必要ないと言っているのではない。これらは必要なことなのではあるが、相当の手間を要すると言っているだけだある。

③使用する残土の発生時期と埋戻し時期を合わせなければならない

単に「残土のリサイクル」と言うが、ひとつの現場で掘削と埋戻しが同時期

に行われる現場とは相当大規模なもののはずであり、そうそうあるものではない。そのため、いきおい同じ発注先にある他現場で発生する残土の利用を図ることになる。

しかし、こちらの現場で埋戻したい時期が決まったとしても、掘削する相手にもいろいろ都合がある場合が多く、その工程調整は至極難しい。やっとのことでお互いの工程を調整し、準備を整えて残土の搬入を待っていても、掘削する相手の現場で予定が変更される時も多々ある。たとえば機械のトラブルとか前日の雨の影響で掘削を一日休むとかの事情である。

こうなると残土が来ないため、こちらの現場でもその日の埋戻し作業は中止となってしまう。そして、そのつもりで準備した多量の人員と機械をかかえて、その費用の支払いに苦慮する。まさかその相手の現場が払ってくれるはずはない。

④**単一現場では稼働率が低く、採算が合わなくなる危険性が高い**

以上のような艱難辛苦の末、やっと流動化処理プラントが稼働したとして、ひとつの現場でどれほど稼働できる日数があるのだろうか。一ヶ月に数日がいいところであろう。ではその時、これらプラント類の損料はどうなるのか。稼働日ごとに運搬し、組立てできる代物ではないため、いったん設置すると工事が完了するまでそのままとなる。

したがって、何もせずただ立っているだけの機械に毎日損料を払う羽目になる。

なぜ急速に普及しはじめたか？

長々と現場に流動化処理プラントを設置することの困難を述べてきた。が、しかし、1994〜1995年以降、東京地区では急速にこの流動化埋戻し土が普及しはじめた。この時期は流動化埋戻し土を一般の現場に供給するプラントが営業を始めた時期に呼応している。

この材料が急速に普及した理由は、一般には次のようなものであると理解されている。
1) 埋戻し材が適度に固化し、将来の沈下の心配がない。(品質上の有利性)
2) これまで必要とされていた埋設物の受け台が不要になり、工事費が低減される。(経済性)
3) 工事期間が短くなり、工事による道路交通への支障が低下する。(工期上の有利性)
4) 狭隘な部分での転圧という劣悪な作業環境が改善され、労働安全にもつながる。(安全性)
5) 建設現場発生残土を有効利用ができ、環境に優しい。(環境面の有利性)
6) これらを支援するため発注機関、官公庁が指針を整備するなど利用環境を整えた。

つまり、「品質」「コスト」「工期」「安全性」「環境面」とあらゆる点で有利であるからというわけである。
しかし、私はこれと違う意見を持っている。
それは、

「電話一本で注文すれば持ってきてもらえるようになったから。」

というものである。

1994年、これから流動化埋戻し土のプラントを稼働させたい意向の会社があった。流動化埋戻し土にどれほど多くのメリットがあったとしても、多くの手間を折衝に要し、自らの手でプラントを設置・維持することは通常の建設現場では不可能、困難、あるいは少なくとも有利ではないのである。
そこで私たちはそのプラントに技術者を派遣し品質を確保するとともに、さらにその年から翌年にかけ約3万m³に及ぶ購入契約をした。その後プラントは順調に稼働し、「電話一本」で納入されるようになった流動化埋戻し土は一気に普及した。

CHAPTER 14　技術・施工方法を改良する

　ところが、流動化埋戻し土の普及は「多くの面でメリットのある工法であったから」と考えることが一般的で、私の「電話一本説」は現在のところ少数意見であると思われる。しかしこれが正しいと証明する方法がもう一つある。
　それは現在のところ現場で自ら行っている作業のうち
「誰かがやってくれないかなぁ。」
と考えているもの、あるいは
「良いことは分かっているが自分ではやるのはちょっと…」
と思われているものなどに着目し、これを電話一本で注文できるようにするのである。その結果、その工法なり製品が普及すれば、私の説が正しいことの証明になる。逆に言えば、そういったところにビジネスチャンスがあるといえる。
　「新技術・新工法」などは、それがどんなに良いものだと教えられても、利用者がその気にならないものは普及しない。建設工事といえどもその原則は生きている。

　私が体験した建設現場のここ20年間は分業化が著しく進んだ時期でもあった。かつては工事請負会社（元請け）の社員が、基準測量や墨だし、仮設構造物の計算や図化などをすべて直接自らの手で行っていた。そればかりか建設機械の運転、工事用電気の配線や設備の設置、維持も社員が行っており、あるいは現場に工作小屋を置き、いわゆる鍛冶仕事まで行っていた。逆に言えば、現在ではこれらの仕事を工事請負会社（元請け）が直接やらなくなってきているのである。もちろん現在でもやってはいるが外注するケースも増えており、これらの作業を外注するなどかつては考えられなかったということである。
　では何をしているのか。それは各方面との連絡や調整、各種の許認可・申請業務、折衝・報告や調査などである。複雑化した社会ではそれを管理する機構が拡大しており、多くの調整が必要である。また建設工事をめぐる社会の見方が「公共のための建設工事」から「公共における必要悪としての建設工事」へと変貌したため、「建設工事の及ぼす害を防止する」ための施策も多くなってきている。

これらのことから、「建設工事がうまくいくかどうか」がこれまでのような「技術の要素」より「折衝の要素」に依存する割合がどんどん大きくなった。このため測量や仮設計画などといった技術者固有のノウハウに関わる部分を現場の技術者から手放して、社内に多くの技術を管掌する部署を生み出し、あるいは他の企業に分業化してきたのである。建設プロジェクトをすすめるために行われた現実的選択なのであろう。

その結果どうなったか。
○測量・墨だし→測量会社へ**「電話一本」**
○仮設構造物の計算・図化は→リース会社へ**「電話一本」**
○技術検討書の作成→他部署へ**「電話一本」**
○施工図の作成→アウトソーシングへ**「電話一本」**
　折衝的業務に忙殺されるためか、かつては直接行っていた、どちらかといえば純粋に技術的な業務は「電話一本で注文する」ことが当たり前になった。

　今ここで技術は改良され、一般に普及して初めて成功と言えるという考え方に立ってみよう。
　むろん、「新技術・新工法」などは、初めは単発で実施されるものであろう。しかもその「新技術・新工法」が初めて実施されるに至るためには、優れた着想とそれを実現に至らしめるための熱意、周囲の協力、それだけではない、当然それなりの資金、時間が費やされているはずである。
　それにもかかわらず、私達はこれまで「良いものは黙っていても普及する」と考え、利用のしやすさ＝利便性などというものをどちらかというと疎んじる傾向にあったのではないか。しかし逆に考えると、「電話一本で注文できるかどうか」などという下世話な理由で優れた技術が普及しないとしたら、これほどもったいない話はない。
　これまで蓄積されてきた「工法・技術」に今一度、利用のしやすさ＝利便性といった観点で光を当てると、日本の技術開発に関する経歴書の中は宝の山かもしれない。

14.01 電話一本が決め手？

14.02 目指すは現場打ちかプレキャストか
ハーフプレキャストの効用

　コンクリート工事において施工の合理化を検討する時、必ず話題になるものにプレキャストコンクリートがある。この工法にはいろいろな面で合理化の可能性を感じさせてくれるものがあるからであろう。

　一方、プレキャストコンクリートに対するものとして現場打ちコンクリートがある。そしてこの現場打ちコンクリートに欠かせないものに型枠工、鉄筋工、コンクリート工という作業があり、これらはキツイ・キタナイ・キケンというわゆる3Kの代表と考えられている。確かにその作業は労働集約型そのものであり、画期的な発展が型枠や鉄筋の組立て作業に期待できるとも思えない。

　それに比べてプレキャストコンクリートによる方法では施工現場が何やら組立て工場のようなイメージになってきており、スマートである。職人も専門工で、てきぱきと仕事を進める感じがする。大型クレーンを使用し、精度もよい。
　もちろん当然ながら次のような欠点もあろう。
1) 重量が大きく、運搬・取り扱いが困難。
2) 計画の初期段階から設計に取り入れる必要がある。
3) 高価である。

　このあたりは多くの人が認めるものであろう。

　にもかかわらず、
・熱帯材を消費しない環境に優しいプレキャスト
・施工効率が良く、道路での工事で迷惑をかけることが少ないプレキャスト
・美観に優れるプレキャスト
・耐久性に優れるプレキャスト
　とその人気は常に上昇中である。
　しかしそれほど良いものなのだろうか。そんなに良いものなら常に人気上昇

中ではなくて、なぜもっと利用が広がらないのだろうか。

実は、プレキャストコンクリートにその理由(わけ)があるのではないと考える。

その理由(わけ)は場所打ちコンクリートが**「あまりに画期的だから」**というものである。

ヨーロッパ伝統の石造りと比べて欲しい。なにしろ場所打ちコンクリートは好きな形の枠を作るだけでその形の石ができあがるようなものである。さらに、石となる材料は流体として運べる。これも画期的だ。流体とすることにより運搬・積替えが容易になった。その結果わずか7〜8人前後の人数で一日当り400㎡、すなわち約1000トンもの石材を所定の位置にセットできる。

このように流体化は運搬の革命なのである。

両方の良いとこ取り「ハーフプレキャスト」

こう考えると次のような作戦が有利となるのである。それはプレキャストコンクリートの可能性と場所打ちコンクリートの革命的要素を一体化することである。具体的にはプレキャストコンクリートを利用するのであるが、あえて全部をプレキャストにせず、場所打ちの部分を残すのである。この方法は半分はプレキャスト、半分は現場打ちであるため、仮に「ハーフプレキャスト」とでも呼んでおきたい。

しかし観念的説明だけでは、今ひとつ何のことやら分からないと思われる。そこで次に実際に行われている例をあげることにする。これらを参考に、皆さんの御検討の俎上にあげていただきたいと思う。

実例1 プレキャストガイドウォール

地下連続壁などを施工する時に必要となるものにガイドウォールがある。コの字形やL形をしているので型枠・鉄筋・コンクリートと続く一連の作業を2〜3回以上行わなければならない。おまけに途中で埋戻し工程がある。

そこで壁部分だけをあらかじめ作っておく。すなわちプレキャストにする。

これは地面に置いた型枠上でできる。そうしておいてガイドウォールを設置したい箇所を掘削し、この壁をクレーンでセットする。プレキャストであるからその日のうちに背面の埋め戻しが可能だ。

次に壁面の上部につながる床面は場所打ちコンクリートで打設する。型枠は止め枠をつけても良いが地面を整形するだけでも良い。この床面はあえて場所打ちコンクリートにしておく。なぜならその方が地面の不陸にフィットし安定するからである

このハーフプレキャストガイドウォールによると取付精度が向上し、工期が早くなることのほか、掘削と同時に据付けを進行できるので、地山のままで型枠・鉄筋工事を行うという時期がなくなり、現場管理上もすこぶる都合が良い。

実例2 地下鉄直上のプレキャスト床版

地下鉄の電車は通常、開削工法で作った箱形断面のトンネルかシールド工法で作った円形断面のトンネルの中を走っている。箱形断面では電車が走行するための空間と構造物の隙間すなわち建築限界との余裕は小さい。しかし円形断

面では上下左右に余裕がある。そこで駅を改造するなどの過程でこの部分を利用したくなる時がある。つまりシールド工法で作ったトンネルはセグメントと呼ばれる固い殻で組み立てられてできているが、このセグメントを解体し、そこに床版などを作るのである。

　この場合、「セグメントの一部を解体することによって力のバランスが変わる」という点がひとつの問題点となるが、もうひとつ「床版の型枠をどう作るか」という所も課題である。

　今、トンネル頂部のセグメントを一部解体し、そこに「床版を作る」と想定してみよう。床版を作るために通常は必要となる型枠を組み立てるに際し、その直下を電車が走っているので型枠支保工を組むわけにはいかない。そこで吊り型枠とすることが考えられる。しかし、型枠のために与えられるスペースはあまりに狭い。なぜなら、ひとつには工事により電車運行に支障をきたさないよう型枠と電車の間に屋根のような防護設備を必要とするためである。加えて架線がある場合には、架線とそれを支持している鋼材もある。このようなことから吊り型枠とするにしても、その隙間はあまりに狭いため、組む時は上から組むから良いとして、解体することができなくなる。

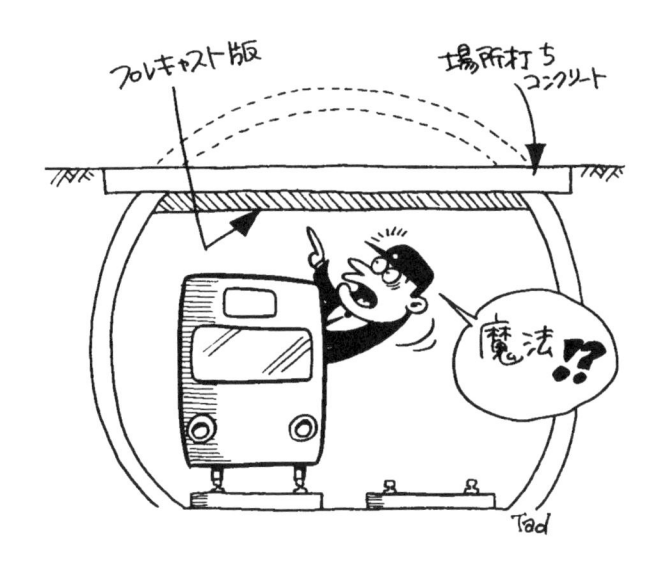

14.02 目指すは現場打ちかプレキャストか

そこでハーフプレキャストの登場である。

あらかじめ床版を作っておく、すなわちプレキャストにするのであるが、この時、その厚さは15cm程度にしておく。通常40～50cmはある床版厚さの全部をプレキャストにせず、あえて残りの厚さ部分は場所打ちコンクリートとし、通常通り鉄筋を組み立て、コンクリートを打設する。このときプレキャスト版はコンクリート打設時の荷重に耐えられるよう何カ所かで吊っておく。

床版厚さの全部をプレキャストコンクリートにすると重量が大きすぎて運搬・設置が困難になる。また周囲の構造物との接合部の構造が複雑になる。しかしあえて場所打ちコンクリートを残すことにより、接合部で周囲の構造物と一体化し、また止水性も向上する。

この方法を実行したところ、電車の運転手さんが驚いたそうだ。「一晩で天井の構造が変わった。」、「まるで魔法のような。」というのである。そしてその驚愕と感嘆から「あの技術の秘密をぜひ教えて欲しい。」と頼まれたという余談までついたものである。

実例3　側壁プレキャストコンクリート

鋼管矢板や鋼矢板で水路を造った時、水の流れの関係から側壁を鉄筋コンクリートで覆い、平滑にしておきたいことがある。構造上は外力を受けない。ただし流水による圧力ではがれないよう背面の矢板と緊結しておく必要はある。

この場合、側壁コンクリート厚さの全部を場所打ちコンクリートとすると最低15cm程度が必要であろう。一方、背面の鋼管矢板や鋼矢板の表面形状が凹凸で形状の不均一さを考慮すると、これを全部形状に合わせたプレキャストの側壁とすることは、ほぼ不可能である。

そこで側壁コンクリートに必要な厚さ15cmのうち、表面側の半分をプレキャスト板とし、背面側の残り半分を場所打ちコンクリート（または充填モルタル）とする。このケースでは場所打ちコンクリートを併用することによりプレキャスト版の利用が可能になったのである。

この方法により、品質は向上する。それは表面がプレキャスト版であるため、平滑度・強度が向上するからである。またクラックも発生しない。

さらに、プレキャスト版の設置とコンクリートの打設作業には高所作業車とクレーン車を使用するが、工期は大いに短縮される。これは現場における作業量が圧倒的に減少するためである。まず鉄筋の組立て、型枠の設置・撤去作業が不要になる。これに伴ってこれらの作業のための足場も不要になる。また鉄筋材・型枠材・足場材が不要になるため、これらの投入・搬出・整備といったいわゆる運搬作業がなくなる。

通常、鉄筋工事では鉄筋材を一度運搬して組み立てれば終わりであるが、型枠や足場の工事は組み立てるだけではなく、使用した資機材を解体・搬出をしなくてはならない。そのため、これらの作業がなくなると現場で必要となる労力と時間が相当削減されるのである。

しかし経済的にみると、この「側壁にプレキャスト製品を使用するケース」は不利である。なぜなら、まずプレキャスト品の製作・運搬・設置に相当の金額を要するからだ。またコンクリート打設の作業がなくなるわけではないのでその費用も必要だ。

したがって残念ながら「工期をお金で買った」ということにすぎないのかもしれない。

ただし、次のように考えることのできる人には採用できる。

1）もしこの工法を採用した結果、工期が短縮できたとしたら、その間の間接

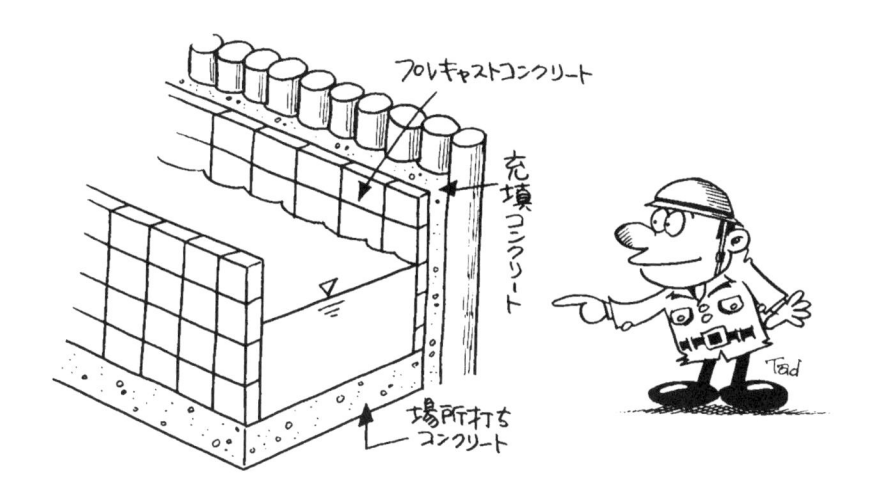

工事費、仮設材損料、経費が不要になる。
2）現場での作業工数の減は、そのまま事故の危険度の減少につながる。
3）発注者に工期短縮の要求があるなら、それに応えることに何らかの価値が認められる。

14.03 「プレファブリック桟橋」顛末記
～この騒動をどう評価するか？

　それは道路から斜面に乗り出す形で計画されていた。ある工事のために必要となった仮設の桟橋はその後の本格的な工事の作業基地となる重要なもので、施工が急がれていた。アクセスする方法は斜面を上っていく道路からだけだ。おまけに桟橋架設のために使える用地は狭く、かろうじてクレーン車一台を止めるのが精一杯である。道路はそれなりに交通量も多く、所轄警察の道路使用許可は夜間しかもらえない。このため資材の搬入は夜間に限られる。当然、部材を加工する場所も仮置きする場所もない。第一、その日の作業が終わったら残った資機材を毎日持って帰る必要がある。

「いったいどうやればいいんだ？」

皆が思いあぐねている時に担当のＡ工事課長が提案した。

「よし、桟橋をプレハブ式に作ろう。」

「は？！」

「だから、桟橋の部材は全て工場で切断加工した後で現場に持ち込む。現場では組み立てるだけにするんだ。加工や仮置きの場所は不要だ。おまけにその日に使う資材しか持って来ない。おぉ、これはかえって効率的なのかもしれないぞ！」

他に有力な代案もなかったためか、仮設桟橋の工事はＡ課長の提案によるプレファブリック方式によることとなった。

始めに桟橋杭の打設を行う必要があった。ここではあらかじめ調べておいた固い支持層までオーガーにて削孔後、モルタルを注入し、最後に杭材のＨ型鋼をクレーンで建て込む方式がとられた。この方法によると桟橋杭はほぼ計画通りの高さに設置でき、その後の作業がやりやすくなるはずであった。

　しかし、現場担当のＢ君から報告が上がってきた。

「課長、6本目の杭が下がっちゃいました。」

「ちょっとまて。決めた深さまで掘ったんじゃないのか？」

「いやそれが、オーガーで削孔したところ、あの杭の付近は支持層が下がってたようで、念のため深くしたんですよ。だめでしたか？」

「いや、いいんだ。支持力のない杭になると困るからな。」

　言葉とは裏腹にＡ課長は困ったようだった。…（杭材が決めた高さに設置できないと、後の部材を取り付ける位置まで狂ってしまうじゃないか！）

　杭材にはこの後取り付ける水平継材や斜材の位置にあらかじめ取付け用の孔が開けてあったのだ。…（仕方がない新たに孔を開けるしかないか。）

　このため問題の6番目の杭の回りに足場を設置し、新たな孔開けと、杭の継ぎ足しを行うことになった。

「あぁ、1日余計にかかってしまった。」

　しかし、それはこれから起こる騒動の序章にすぎなかった。

第一週目：
遊びのなさは命取り

　それでも杭工事の手直しも済み、いよいよ桟橋架設工事の段階となった。最初の日は水平継材や斜材などいわゆる二次部材の取付けだ。

　あらかじめ杭材に開けた穴の間隔を測定したデータに基づき、二次部材にはあらかじめ孔開けが施され、また所定の長さに切断されてもあった。

　いよいよ作業が始まった。予定の時間にトラックも到着した。最初の材料が下ろされた。しかし、次の材料を要求する声はいっこうに来ない。

「何をやってんだ、ボルトを締めるだけなんだからすぐにできるだろう。」

しかし、取付け現場では、
「おい、部材が違ってんじゃないか。」
「そんな事ありませんよ。さっき上で計りましたから。それにこのくらいの長さのものはこれしかありませんよ。」
「おい、何をやってんだ。時間が限られてんだぞ。」
部材の右と左でもう少し押せだの、引けだの騒ぎだ。
両方をみたA課長は絶句した。
「おいボルト孔に余裕はないのか。どこかに遊びがないと入るわけがないだろう。」
資材の加工を注文したB君は、寸法をちゃんと計って加工をしてもらったからぴったりと合うはずだと思ったようだ。しかし、加工にも測定にも誤差はある。物の組み立ては誤差との戦いといってもいいくらいだ。どこかに誤差を吸収してくれる遊びの部分を作っておかないと、組み立ては不可能だ。かといって全部余裕のある長孔にしたのでは不安定である。どこにどのくらいの遊びを見込み、どの順で組み立てていくかは重要なノウハウである。
仕方がないので孔の加工をやりながらの取付けとなった。作業量は予定の4分の1しか進まず、残った多くの部材を持ち帰ることとなった。

第二週目：
どれがどれだか分からない

先週の失敗の反省から、今度の部材には長孔に変更する加工が工場で済ませてあった。
「今日は順調にすすんでいるみたいだな。」
現場担当のB君がちょっと安堵の気持ちに成りかけた頃、Cさんから声がかかった。
「おい、材料が足らないぞ。」
「いや、残り10本でしょう。数は合ってますよ。あ、あれだ。さっきちょっと長いんじゃないかと言ってつけた奴。長孔にしたおかげでついたけど、あれ

が違うんですよ。」
「じゃあこの短いのをつけるしかないのか。長いなら切る手もあるけど。短いんじゃどうしようもないぞ。」
そこにA課長が来た。
「おい、部材に番号もついていないのか。どうやって選んでるんだ。」
「一つずつ計ってるんですよ。どうせ計るんだし、その方が間違いないと思いまして、番号はつけてないんですよ。さっき計ったとき部材が曲がってたのかなぁ。でも私の間違いじゃなくて工場で加工を間違えた可能性も…」
「人間というのは間違えを起こすものなんだよ。工場では番号をつけてもらう。荷受け時にお前は長さを計って照合する。そうやってお互いでチェックし合って早く間違いを見つけることの方が大事なんだよ。」

第三週目：
いったいどの順番につけるんだ

なんとか二次部材の取付けも終わり、今日からは桁材とそれをつなぐ補強材の取付けである。番号も振ってある。完璧だ。
「おい、長さを確認するぞ。よしよし合ってる。これで課長に説教されることもないな。ようし、最初はＢ－６番の桁を下ろしてくれ。」
「無茶言っちゃいけないよ。そいつは下だ。上のやつからいってくれ。」
「何！ここは仮置きする場所がないんだ。そうか。積み下ろしの順番まで指定しなくちゃ駄目なんだ…。」
今日こそはと思ったのもつかの間、また頭をかかえるＢ君であった。

そして、工事に着手して約１ヶ月後に桟橋は無事竣功した。

さて、あなたならこの騒動の顛末をどう評価しますか。
「だからやっぱり現場合わせに限るんだ。」と思いますか。
あるいは「これには色々な可能性がある。」としてプレファブリック桟橋に挑

戦しますか。

　最後にＡ工事課長がまとめた「プレファブリック採用の要点」を転記しておきますので、どうぞご参考に。

■ プレファブリック採用の要点

予想されるトラブル	→	対策
1) 施工精度のばらつき 　（自然条件による杭の高止り、傾斜など）	→	精度確認後の部材加工
2) 部材の取付け困難・不能	→	遊びの確保
3) 部材の取付け間違い	→	記号による識別
4) 部材の不足	→	積み方・取付け順序の指定
5) 寸法の計り間違い	→	複数人での確認・照合
6) 余分な部材の入荷	→	進捗度による入荷数の調整

14.04　技術をどう考えるか
――一通の手紙から…

　タイトルは少々大げさであるが、ここで技術を論じるなどという僭越な行為をしようというわけではない。ここでは一通の手紙を紹介したい。ここには技術というものをどう考えるかについてのいくつかのヒントがある。

　ある現場の責任者として「迷い」のあった私はこの手紙をいただいて以来励まされ、そうしてある方向を見出すことができた。

　この手紙は私達が行った工事がある冊子に紹介され、それをご覧くださった日韓経済協会事務局長の村上弘芳氏からいただいたものである。氏は新日鉄、

山陽特殊鋼といった日本の基幹産業でご活躍の後、各国との経済協力に尽力されていると伝え聞いている。
　氏の承諾を得てその内容を一部修正の後、掲載させていただくことにする。

―――――――――――――――――――――――――――――

（前略）
　特に、今回の○月号の記事に、深く共感を覚えた部分之有り、ここは一つ感想などを書き送り、日頃のご配慮に些かでも、お応え致したく思った次第。

　"TS駅"の工事で、「70cmの隙間の中に人間が入って、コンクリートを打つには手作業の極致」という現場の責任者の方の言葉が紹介されていましたが、実にこの部分が小生のパートナー韓国の技術の世界に欠けている最大のポイントの一つだと、強い衝撃みたいなものを感じた訳であります。

　橋やデパートの崩壊事故や、高速鉄道建設現場の百数十個所もの欠陥工事発覚事故など、なぜこんなことが起こるのか。

　これは建設業に止まらず、結局「技術」というものについての日韓の文化の差ではないかと思わざるを得ません。
　70cmの隙間に入って鉄筋を組んだ現場の作業員の人は、単に言われたことをやっただけではなく、自分の持てる技術（腕）と知恵の全てと、そして自分の名誉を賭けて、難しい作業をやり遂げたのだと思います。
　どうも韓国には、ものを作ったり売ったりする人を蔑視する文化があるようで、日本みたいに物を作ることが大好きでかつ作る人を大事にする文化とは、ほとんど対照的です。工事現場の最先端の作業員が、精根を傾けて完璧な仕事をする、皆がそうする、周りの人すべてが一緒になって全体の仕事を仕上げるために協力しあう、ということは日本では当然でも、韓国ではそうは行かない。
　結局、この差が対日貿易赤字になって表れているわけで、これを特に政治家や官僚は全く分かっていないのが、我々の悩みです。先の工事現場の責任者の方が、「手作業の極致」として作業をした人達の苦労を紹介していること自体に（或いは更に、

CHAPTER 14 技術・施工方法を改良する

このことをレポートに書いた人の価値観を含めて)、日本の「良い」文化を感じます。

東京湾アクアライン工事のシールド機ドッキングの最終誤差が 4.4mm だったというのも驚きですが、これは最先端の技術そのもので、実は韓国が欲しがる技術はこんな分野に属するもの、つまりすぐ競争に役立つ、金になる技術です。自動車や電気・電子の日本にとっても戦略的な最先端技術だけがお目当てで、これを支えるローテクながら「人」にしか出来ない技術とその膨大な集積とネットワーク、これの意味がどうしても分からないらしいので困ります。

そこへ行くと、マレーシアのマハティール首相が大田区の金型屋に座り込んで3時間動かなかった、という話は有名で、かの人はM自動車の合弁企業プロトン社の現場から直感的に、技術のなんたるかを学んだのだと思います。

「TS 駅」の勇者たちに心から敬意を表します。

しかしながらかくいう日本でも、トンネルでのコンクリート崩落事故を契機に、改めて建設工事にかかわる施工技術について疑念が持たれるに至っている。

せっかくのこの機会に改善が行われることを願いたい。くれぐれも真の原因追究から外れ、「あの時は仕方なかったんだ、皆悪かった、皆で反省し、気をつけよう。」といった結論に至らぬことを望みたい。

かつての技術者達は、先を争うかのようにある目標に邁進していたのかもしれない。それほど、日本の産業復興・進展やいわゆる突貫工事という言葉に代表される工期の短縮が社会全体の要求とされた時期があったのは確かであろう。

しかしながら、そういう時も、狭い空間でなんとか鉄筋を組み上げてくれた職人さん達のように、着実にものを作っていた人達がおり、彼らがさしたる評価も受けず過ごしたことも事実であろう。

そうして、そういう彼らが現在にいることもまた事実であることをぜひ知っておいていただきたいと思う。

CHAPTER ⑮
資格を取る

「資格試験？
何のメリットがあるの？」

「社会人になってまで試験？」

「どうも試験は苦手だ。」

「資格？
そりゃぁ持っていた方がいいでしょう。」

「自分だって取れるものなら欲しいですよ。」

──そういうあなたに少しだけ「元気のでる」お話を伝えましょう。

15.01 結果の得られる方法への転換
～負けパターンからの脱出

　もうずいぶんと前の話になる。18歳の春を迎えた私のお受験は1勝4敗の惨澹たる成績であった。以来「試験」というものへの恐怖が私の心にしみついた。

　その結果、社会人になってからも多くの試験があると知って驚愕するとともに、一級土木施工管理技士試験はなんとかクリアしたものの、専門と自負していたコンクリート技士試験に一度目は不合格になるなど相変わらず試験を不得意としていた。

　ところがある時期にふといくつかのことに気づき、半分あきらめの気持ちから方法を改めた。そうすると、あら不思議。そのあとは、コンクリート主任技士、公害防止管理者（国家資格）と順調で、33歳で技術士（建設部門）、またその後、労働安全コンサルタントと次々と資格が取得できた。

　相変わらず試験への恐れは残っているが、私が目覚めたいくつかのポイントを公開する。もしかしたら何かの役に立つかもしれない。

最初から深追いはしない

　ある試験を受けようとしていてテキストを開き、まず第一章からなんとか読みはじめた。「読んでいるだけでは良く分からないなぁ。」と思ったところでちょうど例題が出てきた。

　「これはいい。ちょっとやってみようか。やっぱりこのテキストを買って正解だったなぁ。」

　しかし、例題をやってもいまひとつよく分からない。だんだん不安な気持ちが大きくなっていく。

「しょうがない。解説を読むか。」解説を読みはじめるとさらに絶望の気分だ。「なんでこうなるんだ。だいたい言葉の意味が分からん。○○ってなんだ。どこに出てきたんだ。」

こういう経験をお持ちの方にお勧めしたいのは、**「初めて読んだくらいで分かろうなどという考えを捨て去ること」**である。

だいたい、どういうルールにしろ理屈にしろ、多くの先達が試行錯誤を重ねて積み上げてきた内容を一回で分かろうとすることなど、どだい無理なのだ。

私たちが説明を受ける時は確かに順序立てて聞く。しかしその順序どおりに理解できるのは、よっぽどの天才だけであろう。私たちが物事を理解する時はむしろ順序どおりではない。実はある分野の全体像が見えてきた時、一気に理解が進むものなのだ。

したがって第一章から順に理解しようという方法は間違いである。そもそも、どのようなテキストであれ理解しやすい順に第一章から並んでいるわけではない。

では、分かるためにはどうすれば良いのか。それにはまず全体像の把握から始め、何度も繰り返しながらだんだん深い内容に取り組んでいくという方法が適切のようである。

お勧めしたい手順とは次のようなものである。

一回目は目次または各章のタイトルだけを追う。当然見慣れぬ字句もいっぱいあるが、どこにどんな項目が出てくるかにだけ気づけば十分であろう。

二回目は図表と写真だけをみてみる。けっこう重要ポイントが捕らえられる。

三回目は太字で書いてある項目、あるいは自分の多少は興味のある章を読んでみる。

四回目くらいで各章を重要度あるいは興味の順に取り組んでいく。

この時、取り組んでみて「ここは自分には分からない」と思った所では深追いしないことである。「まだ自分はその部分を理解できる時期ではない」と思い切ってしまう方が良い。

15.01 結果の得られる方法への転換

試験なんて100点を取る必要はない。自分で「ここなら分かると思える所」が7割もあればほぼ合格なのだから。

暗記力との決別

◎　Aさん：テキストが真っ赤になるまで書き込みがある。あぁ、自分はあれもこれも覚えようとしている。
○　Bさん：いや、そんなことはない。覚えるところを重点的に絞った。けれども覚えられない。だいたい最近記憶力が落ちている。いや昔からか。いずれにせよ、いまさら試験なんて無理だ。
△　Cさん：俺は記憶力だけはいい。昔から試験は全部暗記でやってきた。それ以外の方法なんてあるのか。
▽　Dさん：ある試験を受けようとして勧められたテキストをそろえて驚いた。こーんな分厚い本が2冊だ。とても覚えきれない。

　経緯はそれぞれ異なるであろうが、私自身も試験を暗記と心得ていて、絶望の気分にあった。
　「いったい試験問題の作成者はこんな膨大な項目の中からどうやって試験問題を作るんだ。」
　この時、ひらめくものがあった。
　もし、試験問題の作成者が「テキストのどこから出しても問題あるまい。適当に選んでやれ。」という投げやりな人間でなかったとしたら、どうするだろうか。
　試験を行う側としては「こいつにこの資格を与えていいものか」あるいは「こいつを入学させていいものか」と思い悩んでいるに違いない。
　そのため、
・この資格を与えてふさわしいと判断できる問題にしたい。
・この資格を与えて、それに恥じない仕事をしてくれることを判断できるもの

にしたい。
・資格を与えて十分やっていける、あるいは活躍してくれる事が分かる問題にしたい。

と考えるはずである。

もしそうであるならば、やみくもに「暗記」をしてはならない。まず、次の項目についてよーく考える必要がある。

1) この資格を持ったら（あるいは入学できたら）何ができるか、あるいはどうしたいか。
2) この資格を持っている人は何をしなければならないか、あるいはどうするように期待されているか。
3) したがって自分がその資格を与えられるにふさわしいとどう証明するか。

そしてこれらのためには、まずその資格についてよく調べ、よく考える必要がある。たとえば技術士試験ならば「技術士とは何か」「技術士には何が求められているか」といった内容である。

その結果、何が見えるか。

それは「どんな問題に答えることがその資格にふさわしいか」あるいは、また「その資格を持っている者にはどう答えて欲しいか」ということである。

そうしてこれらの観点はとりもなおさず「どの部分を覚えておけばよいか」、「どんな練習問題をしておけばよいか」が分かることに他ならない。

15.02 では合格するためには何をすればよいか
資格取得はメリットのためか

時は戦国の世、村を代表してある寺に修行に来ていた僧某は免許皆伝の日を待ちわびていた。何しろその寺には絶対に敵に負けない法という秘伝があり、

**CHAPTER 15
資格を取る**

つらい修行の後にはその秘伝を知ることができるのだ…。

時は戦国の世、僧菜は村の代表として寺で修行に励んでいた。
その寺には不敗の秘伝であり、長い修行の末、会得が許されるのだ。
これで村が守れる。

5年の厳しい修行の後、秘伝書をみることを許された僧菜は喜び勇んでひもを解いた。

「一、絶対敵に負けない法……」

「勝つ相手とか戦をせぬこと」

不敗之秘伝

これと似たようなお話であるが、「試験に必ず合格する秘訣」というものがある。
それは**「その試験に合格したいと思うこと。」**というものである。

同じような例題では次のようなものはどうだろう。
「たばこはやめないんですか？」
「いぁー、やめたいと思っているんですけどねぇ。あなたはやめたっていうじゃないですか。どうやったんですか。」
「本当に自分でやめたいと思ったんですよ。」

そこで試験についても受験者の意欲をそそるために資格をとることのメリットが喧伝される。確かに、資格取得には会社・個人の両者にメリットがある。
会社にとってのメリットには次のようなものが挙げられる。

●**会社** ＝技術力の誇示……………………………△
　　　　　営業上の優位性……………………○
　　　　　他社との比較………………………◎

一方、個人では、

●**個人** ＝注目を浴びる………………………△
　　　　　自己の業績に対する評価…………○
　　　　　自己の技術向上……………………◎

しかし、これを見て、あなたは意欲が湧いてきますか？

そこで、このあと主に技術士（建設部門）をターゲットとして「よしこれならやってみよう」「自分にもできるかもしれない」と思っていただける事実をお話ししよう。
「自分にもできる」と思うことが何よりの意欲の源泉と考えるからである。

発想の転換が勝利の秘訣

　試験についての悩みのひとつに「論文試験といわれるが文才がない」というものがある。
　しかし技術士の資格を持っている多く人に聞いてみたが「むしろ文才はない方が良い。」というのが共通した意見であった。
　論文試験といっても文章の優劣を競うものではない。したがって例えば随筆とかコラムといったどちらかといえば文学的感動なり要素に配慮した文章はむしろ害というのである。論文では相手に自分の考えを的確に伝えることを目的とするため、一定のルールがある。これらについては「構造的論文作成法」として解説書も多く出版されている。このルールが守られた文章は分かりやす

く、これを修得することが案外試験合格の最短コースかもしれない。

次に、
「自分は世間に注目されるような工事をやった経験がない。」
「大きな工事の現場にいたが、ある部分を担当しただけだ。」
といった「立派な業績がない」というものも、多くの人の前に立ちはだかる壁となっているようだ。

だが逆に、次のようなものはむしろ技術士としては不適な「最悪のパターン」と考えられていることに注目して欲しい。

例1：私はこれこれの困難な状況のもと、幾多の問題点を解決し、こんなに立派な業績をあげた。これはなんとか賞をもらった。

例2：これまでの方法では、これこれの問題点があった。私はこれらを一挙に解決するこんな方法を考えた。これはこの点もすばらしい。あの点もすばらしい。もちろん特許もとった。

「えぇ！！どうしてこれらが最悪のパターンなんだ。理解できない。」と思われるであろう。

「幾多の困難を潜り抜けこんな成果をあげた。」いいではないか。立派に社会に貢献している。

「こんないいものを考えた。」いいではないか。これだってすごい技術の進歩じゃないか。

しかし、技術士試験は成果の発表会ではなく、技術士としてふさわしいことを示す試験である。そこでは「技術士とは何か」が重要になる。すなわち技術士には冷徹に技術の利点・欠点を評価する役目があるのだ。

とするとこれらの例には「うまくいった点、いかなかった点の評価がなされておらず、客観性というものが欠けている」と気づく。こう考えた後には先ほどの例がどうしていけないのかを理解できる。

このことから**「立派な業績はむしろ害」**とも言えるのである。

15.02 では合格するためには何をすればよいか

以上のように「文才がない」「立派な業績がない」といった心配事は障害にならない。むしろ「文才や立派な業績は不要」との発想の転換をする事が勝利の秘訣と言えるのである。

では合格するためには何をすればよいか

技術士に要求される資質とは何だろうか。これには、
1) 問題点を的確に把握・評価し、手順にのっとって解決を図ることができる。
2) 技術的解決の着目点にオリジナリティーがある。
3) 自分で考えたものであることが大切で、適確な判断が行われておればむしろ結果として失敗でも良い。

などがあげられている。したがって、まずは「技術士としての目で見た自己の業績向上」を行うことが本筋である。

このため、最初に「技術士としての目で見た自己の業績の再評価」を行う必要があり、そのための具体的手順は次のようになろう。

経歴書の作成 → 業績の見直し → 再評価・再計算・再実験 → 論文作成（推敲） → 暗記

以上の手順は技術士試験のうち「経験記述」問題の対策としては不可欠である。

次に必須科目「建設一般」問題のためには、雑誌・学会誌の購読をお勧めする。これらは問題作成者を含む多くの関係者達が購読している。そこでこれらの情報を共有することは技術士というグループに入るために有効なのである。これらに発表されている文章とその論理の展開パターンを覚えてしまうといっそう近道である。

最後に、「専門選択」問題のため、過去の出題例から得意分野の例文を作成してみよう。これまでのステップを踏んだ後では、箇条書きと項目のリストアップ程度でも十分対応できるようになっているはずである。

CHAPTER ⑯
現場の問題点を改善する

　この章はよくある「問題解決の方法」の焼き直しである。

　それがここに必要と考えたのは、
　…問題点の報告を、ちゃんと聞かないうちに対策を指示し、その対策が上手くいかないと報告者のせいにする人を見たときか。
　…それぞれが自分の経験と勘、悪く言えば好みでやり方を決めている者たちを見た時か。

　いずれにせよ、使おうとすると忘れていたりするので参考にしていただきたい。

16.01 「問題解決」の手順
4つのステップ

問題解決の手順は次の4つのステップで分けられることが多い。

1) 何か変だ…何が問題なのか把握する＝**（現状把握）**
2) 原因が分からない…真の原因を探る＝**（原因究明）**
3) こわくて決められない…しかし、決めなければいけない＝**（意思決定）**
4) 将来心配だ…今のうちに対策を立てておきたい＝**（リスク対策）**

「わかる」とは漢字で「分かる」とも書く。複雑で混沌としたことは分けることから理解が進む。

16.02 現状把握の方法
本当の問題点を把握することからはじめる

手順① 気づいたことをすべて列挙する。
手順② 事実をいくつかの共通する項目にまとめ、まとめた項目に優先順位と期限をつける。
手順③ まとめた情報を疑問文に表現する。

「ブレーンストーミング」という方法をご存知だろうか。ある一世を風靡した「KJ法」はいかがだろう。学校や会社の研修などで練習させられたことはないだろうか？

しかし実際の日々の会議では「実力者の意向をうかがったり」「自分たちの側

への有利な情報操作」や「事前の根回しによる協力者つくり」などやらなければならないことが多く、実際に「ブレーンなんとか」なんぞをやっているのを見たことはない。それどころか「言いたいことを言え」と言われて本当に「言いたいこと」を言った奴の悲惨な運命なら随分と見させてもらった気がする。

　しかしここは一つ、「本当の問題点を把握すること」をすべての出発点と考えたい。「何を検討し」、「何を分かっておくべきか」を知ることは自分と自分のグループを守る方法の一つとしても重要である。

手順① 気づいたことをすべて列挙する

　　（注意点）・要点を箇条書きする。
　　　　　　・おかしいとの感覚を大切にする。
　　　　　　・同時に評価しない、判断しない、まだ解決策を考えない。

　この段階ではいわば1人でするブレーンストーミングが有効である。グループで行う場合は同じ目的と利害を持つ構成員の間でのみ許される。
　「何が変か？」「何が問題なのか？」を把握するとともに、「懸案事項を整理する」時にも応用できる。頭の中を吐き出し、クリアにすることにより、今何を考えるべきか、何を優先し、どれを後回しにしてよいか区分できる。これにより優先的な問題に集中できる。

　例えば、次のことに気づいたとする。
　「協力会社のAが遅刻した。たるんでいるので会社に文句を言おう。」
　あるいは、
　「排水処理装置からの排水が汚れているので凝集剤を増やさないと…」

　これらのうちそれぞれ傍点部は勝手な判断や思いつきだ。
　解決策をいきなりに決めつけることは不適当である。この時点では事実のみを取りあげたい。

16.02 現状把握の方法

手順② 事実をいくつかの共通する項目にまとめ、まとめた項目に優先順位と期限をつける

(注意点)
- 事実はすべて、隠された情報までできるだけ多く集める。
- 私情をまじえず、数、寸法、量をはかり、事実に基づきデータでものを言う。
- 原則として重要度、緊急度に応じて優先順位をつける。
- 軽微なもので先に片づけてしまった方が良いものもある。

あなたにも私にも覚えがあるように、報告には常に責任逃れの情報が含まれている。いろいろな情報源から事実を確認しておきたい。事実を確認するためには言葉での情報に対して具体的数字で裏づけをとってみることも有効だ。

次に同種の情報をいくつかずつまとめる。

例えば、

「協力会社のAが遅刻、協力会社B班が午後から来た、協力会社Dが社員Cを2時間待っていた」から⇒「協力業者が時間を守れない」

などとする。

その後、まとまったいくつかの情報に優先順位と期限をつける。

「十分に検討するように」と言われた場合でも、必ず自ら期限を設定する。

期限のないものは完成しないし、時期を逸すると、状況も変化し不適当な検討になってしまう。

さてこれで優先順位の高いものから解決を図ってみよう。

手順③ まとめた情報を疑問文に表現する

次にこれらのまとめた情報を疑問文の形で表現する。と言われても分かりずらいかもしれない。

例えば先ほどの例では、

「協力会社のAが遅刻、協力会社B班が午後から来た、協力会社Dが社員Cを2時間待っていた」⇒「協力業者が時間を守れない」
であった。これから疑問文を作ると、
「協力会社の時間が守られないのはなぜか？」となる。

実はこの「疑問文に表現する」ところが一番難しく、かつ肝心な手順である。
このことは次の「原因究明の手順」に結びつくため、次に改めて詳しく述べたい。

16.03 原因究明の手法
犯人捜しではない

手順① 問題点を疑問文に示す。
手順② 現場をみる。（＝情報を収集する。）
手順③ 比べる。（＝変化を見つける）
手順④ 原因の原因、その原因を調べる。（＝因果関係を確認する）
手順⑤ 効果を確認し、フィードバックする。

手順① 問題点を疑問文に示す

先日会議の開催案内が送られてきた。
「〇〇事務所安全委員会を開催します　議題：安全目標について」
司会者の善意さんは開催案内も送付し、円滑な運営に自信を深めていた。会議はいつものように約15分遅れで始まった。

◎　司会　善意さん：「それでは、〇〇事務所安全委員会を開催します。議題

は先に案内してありましたように安全目標についてです。案内してあったのでそれぞれ既に考えて来てもらっていると思いますのでさっそく意見を出してください。皆さんいかがですか？」

そこで次のような様々な意見が出された。

○　Dさん：「安全目標についてですが、もう少し大きな目標とし、毎月改定することはやめてはいかがでしょうか？」
△　Eさん：「安全目標についてですが、今月は高所作業が多いので墜落災害の防止はいかがでしょう。」
▽　Fさん：「安全目標についてですが、これがなぜ守られないかについてまず議論すべきでしょう。」
□　Gさん：「安全目標についてですが、本来別の組織で決めるのが適切ではないでしょうか。」

皆の視点が全く異なっている事に気づいた善意さんは頭を抱えてしまった。皆に「安全目標について」考えてきてもらったのに…。

これは議題の切り出しかたに問題があるためである。
「安全目標はどうあるべきか」
「来月の安全目標は何にするのが良いか」
「安全目標はなぜ守られないか」
「安全目標はどこで決めるべきか」
このように質問は疑問文でしなければならない。これによりはじめて意見を交わすことができる。「〜について」などのあいまいな表現はかえって混乱を招く。

また原因究明のためあの手この手を尽くしているうちに、袋小路に入り込み「何の原因を究明していたのか」分からなくなることも多い。こんなとき例えば、
「どんな時、協力会社の時間が守られないか？」
「最近排水処理水の濁度が悪化しているといわれるが本当か？」

「側壁コンクリート工事に手間取った原因は何か？」といったように、疑問文にすることにより「何が問題か」が確認できるようになる。

このように原因究明の第一歩は、「問題点を疑問文に示す」ことである。

手順② 現場をみる（＝情報を収集する）

入社4年目ではじめて現場に配属されてきた元気君は、それはもう毎日次から次へといろいろなことが起こり、それを解決していかなければならない「現場勤務」に少々圧倒されていた。しかし、一方で大きな充実感も感じていた。そんななか自分の上司である山勘主任はいろんな人からの相談を受け、「主任は休む暇もなくて大変だなぁ」と感じるとともに、「自分も将来あぁいう風になれたらなぁ」と思っていた。

そんなある日、現場で働く職人さんから「電動工具を使っているんだが、ブレーカがおちて仕事にならない。工程に間に合わないぞ！」と怒鳴られた。その工具を検査したところ異常はない。原因が分からなくて事務所にいる山勘主任に相談したところ「電気の容量はどのくらいだ。ブレーカの容量が足りない

んだろう。もっと大きい容量のブレーカにつなぎ変えろ！」と言われた。
　「なるほど」と思って電源ケーブルをつなぎ変えた。しばらくするとどうも焦げ臭い匂いがする。ふと見ると、今つなぎ変えたケーブルから煙が立ち上り、付近に散らかっていた資材からも…。大変だ！慌てて事務所に戻り、
◎　元気君：「主任！大変です。今度はケーブルが燃えました…！」
▽　山勘主任：「ケーブルが悪かったんだろう！そんなことにも気づかないなんてお前が悪い！」
◎　元気君：「……」

　真の原因究明のためには話を聞くだけでなく、現場を見て情報を収集することを忘れてはならない。分かっているつもりでも人は先入観にとらわれる。特に経験も積み、「自分がいなければ仕事がはかどらない」と思う時期にである。

手順③ 比べる（＝変化を見つける）
――計画と実績、今回と前回、目前の姿と理想の姿を比べてみてどこが違うか

　例えば「鉄筋コンクリート工事に手間取った原因は何か」を調べようとするときには、工事に要した日数の「実績」と「計画」とを比較する。全体では分からないので工事の各施工段階に分けて比較する。すると例えば「鉄筋コンクリート工事のうち型枠工事について実績が計画の約２倍の所要日数となっていた。」などのことが、明らかになってくる。
　この場合「型枠工事に改善の余地がある」ことに気づくことができる。
　このように計画と実績、今回と前回、目前の姿と理想の姿で見比べてみるとどこが違うだろうか。その変化に着目すると原因が見えてくる。

手順④ 原因の原因、その原因を調べる（＝因果関係を確認する）
――原因をすぐに思い付いたような時、今一度物事の因果関係をあたってみたい。事件の発端は別の所にあるかもしれない

例えば「なぜ協力会社の時間が守られないか」を考えていたとしよう。

まず収集した情報をいつ(WHEN)、どこで(WHERE)、何を(WHAT)、どの程度(HOW)といったいわゆる5W1Hの観点で整理してみる。

この場合、5W1Hの分析などから、「時間が守られない出来事はすべてC工区で起こっている」ことが分かった。

次に、C工区の事情を聞くと「担当社員Cとの打ち合わせ内容が不適当」であることが分かった。

では、担当職員Cが原因か？

いやいや、さらに、担当社員Cに聞くと「担当社員Cは担当工事の経験がないこと」が分かった。

こうなると原因は・・・？

「担当工事の経験を配慮しなかった上司による社員の配置ミス」あるいは「担当工事の経歴を所長に伝達しなかった事務方のミス」などとなってくる。

手順⑤ 効果を確認し、フィードバックする

「問題点から真の原因を突き止める」とは言葉では言えても実際はかなりむずかしい。一回の検討で正確な原因に到達することはむしろまれだ。このため対策の効果を確認し、効果がみられなければ、「原因の推定を誤ったおそれがある」と考えたほうがよい。このときは再び原因究明にとりかかる。

むろん、最初の原因究明は決して無駄ではない。予想された原因のうち1つが消去できた点で、大いに進歩であるとしよう。これを繰り返すことが効果的で、ふつうは2～3回の繰返しでそれらしい原因に到達するものである。

これまで述べたいくつかの手順はそれぞれが原因究明に有効な手法である。ただし原因究明は犯人探しではなく、効果的な対策を早く打つためのものである。**また原因が一つに限られる場合はむしろ珍しく複数の原因を推定しておく方が後々ためになる。**

16.04 意思決定の手法
業務上の意思決定の方法

> 手順① 目的と目標を定める。
> 手順② 決めることを YES・NO の択一にしないで、まず解決案を複数個リストアップする。
> 手順③ 複数の解決案からより適切と判断されるものを選択する。
> 手順④ 選択した解決策が成功するための前提条件、失敗したときの影響を列挙する。

「意思決定」には大きく異なる二つの方法があって、それぞれ目的が違う。

一つめは「感覚的・思想的」な意思決定で、今晩のメニューから経営トップの方針までいわば「好み」や「センス」「個人の価値観」に基づくものである。この類のものは解説不能であろう。

もう一つが「業務上の意思決定」で、こちらはある目標・目的を持って行動している組織において行われる。ここでは後者のこちらを対象とする。

日本語のニュアンスでは前者は「きめる」、後者は「決定する」に近い。

手順① 目的と目標を定める

英語では「目的」を「ターゲット」と言っている。めざしている的である。「目標」は同じく「ライン」となる。越えるべき標識だ。「最低確保したいライン」とは、「意思決定の結果どうしてもほしい成果目標」といった意味になる。

例えばアメリカが月へ行ったアポロ計画について、
「アメリカの国威発揚のためだ。」
いや「科学技術の発展もあるはずだ。」
違う。「ただ月に行くことそのことが目的だったんだ。」

というような議論は目的と目標を分けて考えると整理できる。
例えば次のように考える。
アメリカのアポロ計画について、目的は「当時のソ連に対してアメリカの優位を示すこと」であり、目標は「月まで人間が行って、無事に帰ってくる事」であった。そうして「科学技術の発展は期待効果であった」というようになる。

手順② 決めることを YES・NO の択一にしないで、まず解決案を複数個リストアップする

「解決策がこれしかないと思い、それをやるべき(YES)か、やめるべき(NO)かと考えている時」が最も危険である。そういうときは「一旦頭を冷やして」みるべきだ。そこで考えた解決策はそれで良いとして、もしもその方法によらないとしたらどうするか、別の案を考える。

必ずや、2つ3つの対案はあるはずである。

手順③ 複数の解決案から選択する

欠点のない案に見えたとき、「あぁ、自分の案に酔ってるなぁ！」と考えることをお勧めしたい。ベストの(最高の)解決策などは存在しないのだ。あるのは所詮よりベターな選択にすぎない。個人の好みできめる場合はともかく、業務上の意思決定をする場合はあくまで利点・欠点を了解した上で、目的・目標を達成するためによりベターな方法を選択する。

これでこそ信頼も生まれるというものだ。

手順④ その解決策が成功するための前提条件、失敗したときの影響を列挙する

業務上の決定にはどうしても責任が伴う。予想外に環境の変化が生じた場合などは勇気ある撤退をしなければならない。その時のために、あらかじめ「そ

の解決策が成功する前提条件」を把握しておく必要がある。前提条件が崩れた場合には即時撤退である。これは本当にあらかじめ考えておかないとその時になっては、もったいなくてまず撤退できない。

また失敗したときの影響を考え、対策を用意しておく。この対策もあらかじめ考えておかないと間に合わない。

この手順④は「そこまでは余裕がない」と軽んじられる傾向があるが、思いのほか重要である。なぜなら、これらをあらかじめ準備することにより、「目的・目標に合致するが一見大胆と思われる案」をも決定できるからである。

16.05 リスク対策
あの手この手…

- 手順① 将来の問題を予測する。
- 手順② 問題の重要度をランクづけする。
- 手順③ 重要度の大きい問題に対策を用意する。
- 手順④ 「対策」に発動の「引き金」をきめておく。

将来問題が起きそう、あるいは起きると困るので事前に対策を講じておきたい時がある。

手順① 将来の問題を予測する

将来の問題が的確に予想されればこれにこした事はない。しかし「神のみぞ知る」である。人間は仕方がないのであの手この手を使うしかない。この時の手としては次のようなものがある

ア) 手順をフロー図に書いてみる。欠けている手順がみつかる。

イ）今後の予定を工程表に書いてみる。無理がある箇所に気づく。
ウ）問題発生の前兆を捕まえる。たとえば「担当窓口がよく変わる部署・会社」「役割分担がはっきりしない」「すぐあやまる」などは危険の兆候である。
エ）未経験の作業工程、担当者を洗い出す。

　問題提起のときに、「あそこは大丈夫」などと判断を差し込んではいけない。この段階ではもれなく、多くの問題を提起する必要がある。

手順②　問題の重要度をランクづけする

　「この問題は重要だ」との主張をよく聞くが、「重要さ」とは何から決まるのだろう。
　実は問題の重要度は次の二つの要素の掛け算と考えられている。

> P：その問題は、どのくらいの「確率」で起きるか。
> I：起きた場合、どのくらいの「影響」があるか。
> 　重要度＝P（確率）×I（影響）

　すなわち起きる確率Pも起きたときの影響Iも大きいとき「より重要な問題」と言える。頻繁に起きても影響が小さい、あるいは影響は大きいがめったに起きないことは、相対的には重要度は低い。

　例えばコンクリートポンプ車に100mの配管をつなぎ、高さ5mから7mの壁コンクリートを約150㎡打設する予定があったとしよう。
　この場合、「ポンプ打設中における配管の閉塞」は発生確率も発生時の影響も大きいため、対策が必要であろう。
　一方、発生確率は小さいと考えられるが、発生時の影響が大きいため、対策を行う場合がある。この例としては「型枠の倒壊や、破損（いわゆるパンク）」がある。良好な施工でその発生確率は小さいと考えられた場合でも発生時の影響が大きいため、念のため型枠を補強しておくことも無駄ではなかろう。

手順③ 重要度の大きい問題に対策を用意する

「対策は考えたのか！」と言われることも多いが、対策にも区別があることを知っておきたい。「対策」の一つ目は問題が起きないようにする対策で、二つ目は問題が起きてからする対策である。どちらも「対策」というので前者は「予防対策」、後者は「あと(後)対策」と呼び、今後は区別して考えよう。

すべて考えられる問題に対策を用意することは、費用も時間も要する。一般には「予防対策」は発生する確率Pが大きい問題に適する。一方「あと対策」は発生確率が小さい問題やあるいは「予防対策」が困難な問題に適する。

先程の「壁コンクリートの打設」のケースで、例えば「型枠からのコンクリートのこぼれや型枠からのあふれ」を問題としてみよう。

これらは発生確率が多いといっても、すべての箇所で「予防対策」を施しておくことは非常に時間も手間も要する。このため清掃・片づけを迅速にできるよう準備しておくなど、「あと対策」の方が効果的であろう。

手順④ 「あと対策」には発動の「引き金」が必要

「あと対策」については「せっかく事前に用意しておいたのに実施のタイミングを逸した！」ということが多い。このためあらかじめ「あと対策」を開始する限界線を決めておく。このいわば「引き金」があるとスムーズに「あと対策」の実施に着手できる。

例えば「近隣との約束で予定時間(17:00)までにコンクリートの打設を完了させなければならない。」という作業を考えてみたい。

「予防対策」として、
・交通渋滞の激しい日の打設は避ける。
・設備、機械、器具の点検をしておく。
・途中の段取り替え作業を容易にしておく。
　等々を行ったとしよう。

しかし「あと対策」も必要で、次のようなものが考えられる。
・交通事情によりミキサー車は別ルートを走行させる。
・進捗によっては途中の区画までで打設を終了する。
　そして、「あと対策」発動の「引き金」としてそれぞれ次のようなものをあらかじめ決めておこう。

　　ミキサー車のルート変更――「所要時間が○分を超えたとき」
　　途中区画での打設終了－「○時までに○○㎥完了しないとき」

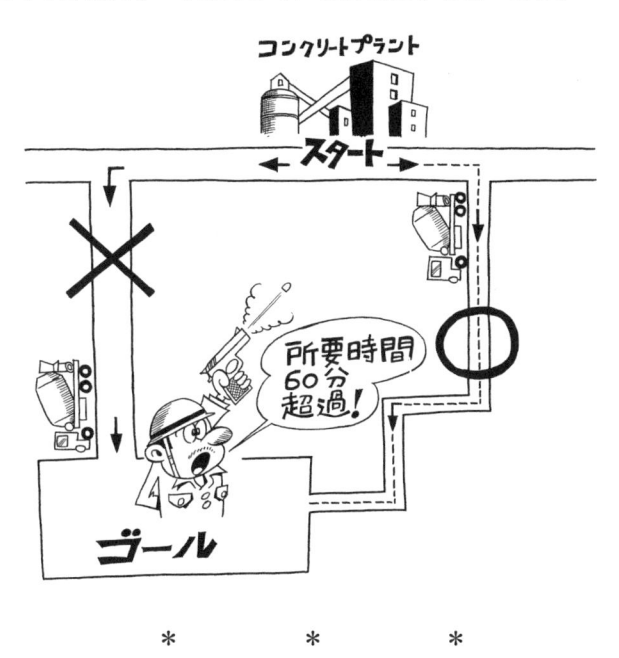

＊　　　＊　　　＊

以上、問題解決の手順をまとめてみよう。

1）現状把握の方法
　①列挙する。
　②まとめ、優先順位をつける。
　③疑問文に表現する。
2）原因究明の方法
　①疑問文に示す。

②現場をみる。(＝情報を収集する)
　③比べる。(＝変化を見つける)
　④因果関係を調べる。
　⑤効果を確認し、フィードバックする。
3) 意思決定の方法
　①目的と目標を定める。
　② YES・NO にしないで、解決案を複数リストアップする。
　③複数の案から選択する。
　④成功の前提条件、失敗の影響を列挙する。
4) リスク対策の方法
　①問題を予測する。
　②重要度をランクづけする。
　③重要なものに対策を用意する。
　④対策発動の「引き金」をきめる。

　一般にこれらは議論をかみ合わせるための道具と考えられており、活発な議論を行っている国や組織では標準的な内容かもしれない。

　これらの方法を用いることにより、ねらう効果には次のものがある。

1) 問題を早く解決する。
2) 全員の意思、方向を確認する。
3) 重点指向し、業務を効率化する。
4) 形式、感情、メンツに流されず、本質で勝負する。
5) 失敗を生きた経験とする。

　建設現場においても、TQC や ISO が導入される過程で、これらの手法がいろいろな用語とともに入ってきたが、なかなか効果を上げることは難しいのが現実のようである。
　しかし、本編を参考に建設現場においても、その効果的運用ができれば「考えを系統立てて整理し、真の問題解決に早く到達できる」ものと考えられる。

APPENDIX ①
土質調査資料にだまされない方法

　土質調査報告書というものがあります。
　たいていは黒い表紙で、中身をのぞくとやたらと表や数字が並んでいて、難しそうです。
　ところが一方で、こんなことを言う人にも出会います。

「ほら、あれ。ボーリング位置の土質柱状図くらいあれば十分だよ。」
それじゃさすがにマズイだろうと、詳しそうな人に尋ねると、
「だいたい土質の世界は多分に経験的な…」
「定性的で量的把握は難しい。」
などの返事がかえってきたりします。

　このように、はぐらかされると、ますます怪しい。

　確かに土は自然界の産物そのもので、これを数値で把握することは難しいとは思います。
　しかし、この混沌に拍車をかけているのは多分に人間の側なのではないでしょうか。
　なぜなら何といっても土を調べているのは人間で、人間の営みなくして試験結果は得られないからです。

　そこで、ここでは土質試験結果にだまされず、どう情報を得るかを考えます。土質工学の基礎、実務への応用編のさわりというところです。

A.01 N値を使う
N値はオールマイティー？

　土の世界はよく分かり難いからか、そこはよくしたもので実に便利な式が世間に流布しています。

　その一つに**「シーイコールニブンノイチキュウユウ」**というものがあります。これはあまりにありがたいため、お経のように覚えてしまうものとされています。「シーイコールニブンノイチキュウユウ」を覚えた方に改めて確認しますが、これは、

$$\text{土の粘着力}C = \text{土の一軸圧縮強度}qu / 2 \quad \cdots\cdots\cdots \quad \text{式①}$$

という関係を示すものです。粘性土は粘着力Cという強度を持っており、これは一軸圧縮強度quの半分であるというのです。

　さらにこれに、

$$qu ≒ N / 8 \quad \cdots\cdots\cdots\cdots\cdots\cdots\cdots\cdots \quad \text{式②}$$

という関係を加えるとオールマイティです。

　これなどは式だけ見ているとあまりにも単純で「本当かなぁ」とも思えますが、これが**「テルツァギとペックの式」**と言われると、急に本当そうに思えるから不思議なものです。

　しかしながら、式①、②のおかげで、ありがたいことに、おなじみのN値から土の強度を表わす粘着力Cが求められてしまうのです。

　実際のところ、掘ってみると土は粘土みたいなものからさらさらの砂まで実にいろいろな姿をしているのですが、これを世間ではとりあえず「この世には粘土と砂しかない」と考えます。これでは多少ミモフタモナイ感じがしますの

で、前者を粘性土、後者を砂質土と呼んでそれらしくしておきます。

ところで先ほどの式①、②が使えるのは、実は粘性土ということになっています。

一方、砂質土については

> 内部摩擦角 $\phi = \sqrt{(12N)} + 20°$　……………　式③

なる関係が知られています。

砂質土の強度や土圧はこの内部摩擦角を使って求めることになっていますので、ここでも式③さえあれば、おなじみのN値から砂質土の強度なども決まり、これでめでたくN値さえ求めれば、なんでもできてしまうことになります。

先ほどの式③はダナムという人が作ったということなので、これもまた「**ダナムの式により**」などとするといっそうハクがつき、それらしいものです。

■ 土のせん断強さ　τ

・粘性土

$$\tau = C\,(粘着力) = \frac{q_u}{2}\,(一軸圧縮強度) \quad \leftarrow\quad q_u \fallingdotseq \frac{N}{8}$$

（テルツァギとペックによる）

・砂質土

$$\tau = \sigma \cdot \tan\phi \quad (内部摩擦角) \quad \leftarrow\quad \phi = \sqrt{12N} + 20°$$

垂直応力度　　　　　　　　　（ダナムの式）

N値

注）他にも種々の式があり、適用条件に制約もある。あくまで推定方法。

〇N値：重さ63.5kgのハンマーを高さ76cmの所から落下させ、先端のチューブが地盤に30cm貫入するのに要したハンマーの落下回数のこと。

〇内部摩擦角：土中に働く垂直応力とせん断抵抗との関係を表すもので、それぞれを横軸・縦軸にとってグラフで示したときの線の角度をいう。

とはいうものの、「これらの関係は一般的なものなので、ボーリング調査においてはそれぞれ試験により粘着力や内部摩擦角を定めること」とされています。それはそうでしょう。

ところがこれらの値を試験で求めるためには、三軸圧縮試験という大層な土質試験をとり行う必要が出てきます。

A.02 砂質土
内部摩擦角のまやかし

概して土質試験というものは非常に微妙なのです。試験で求めようとする粘着力や内部摩擦角などの重要な値は、いわゆる**「まだ乱されない土」**の性質を表わすものです。そのため、そのいわゆる「乱さない試料」を採取するのですが、そこがまた難しいのです。そこで「十分に熟練した人が試料を採取することとする」とはいうのですが、要するに腕によるのです。内部摩擦角が大きそうな砂などは、そもそも粘着力が小さく、触っただけで崩壊し、乱さない状態などできそうにもありません。

ところである日、あなたが試験を担当したとして、とんでもない値が出てしまったとしましょう。そんなとき、そのままその値を採用するでしょうか。

何しろ土質工学は総合的な見地が必要なのです。既存の関係式や似たようなと思える土層の値を採用しても責められません。その結果、土質試験報告書にN値とつじつまを合わせたような数字が並ぶこともあるわけです。

こんなことから、土質試験結果をチラと見ただけで実際に掘削工事などをしてみたら、予想と大きく違って慌てふためくことなんてことにならないよう、土質試験報告書を見るにあたって別のチェックをほんの少ししてみましょう。これだけでN値万能の世界から一歩足を踏み出すことができるのです。

同じN値の砂でも、強度が違う場合があります。砂の内部摩擦角に応じて「砂を山にしたときにできる砂山の傾斜」が変わると考えてもよいとすると、例えば「粒径が適当に混じっていて、角張った砂粒」のほうが砂山を作ったとき崩れにくいでしょう。すなわち、内部摩擦角が大きいのです。逆に「砂の粒がそろっていたり、丸くなって」いたりすると、同じN値の砂より砂山の傾斜はゆるく、したがって内部摩擦角は小さくなります。

砂粒の粒がそろっているのか、それとも適当に混ざっているかを見るためには、粒径加積曲線（**図表－1**）というものを見ます。この線が立っているときが、粒がそろっているときです。

図表－1　粒径加積曲線の例

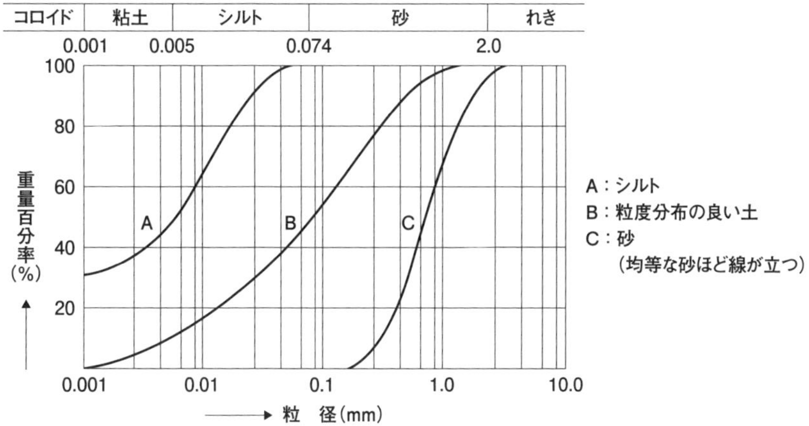

（図：粒径加積曲線。横軸 粒径(mm) 0.001〜10.0、縦軸 重量百分率(%) 0〜100。区分：コロイド、粘土(0.005)、シルト(0.074)、砂(2.0)、れき。曲線A：シルト、B：粒度分布の良い土、C：砂（均等な砂ほど線が立つ））

「線が立っている」という表現を工学的にするために、均等係数なる数字を使います。均等係数＝通過率60％の粒径／通過率10％の粒径ということなのですが、これによると粒がそろっているとき、すなわち線が立っているときに均等係数は1に近くなり、逆に適度にばらつくと均等係数は大きくなります。

均等係数が小さい（すなわち粒がそろっている）とき、内部摩擦角は意外と小さく砂は崩れやすいものです。どのくらい小さくなるかについては緩い砂（N値が10程度）のとき内部摩擦角34°→28.5°、密な砂（N値が30以上）の

A.02
砂質土

とき内部摩擦角 46°→35° とされています。

報告書に示された内部摩擦角の値を見たとき、念のため土質試験の粒度分布を調べて見ることをお勧めします。

A.03 粘性土
乱された土なんて

今度はもう少し粘土に近いときを考えてみましょう。

土というものには、先ほど述べたように極端な話、砂と粘土があるというのですが、現実の土ははっきり砂である、あるいは粘土であるというより、たいていは砂と粘土の間の様相を呈しています。そして土は掘る前と掘った後で大きく様子を変えます。早い話がシャキッと立っていた土が、こねくり回すとぐちゃぐちゃになってしまうことは、多少とも現場の経験のある方なら肌身で知っておられることと思います。

このことから、土は乱すと強度が落ちるということは容易に想像できます。そこで先ほどのボーリング試料のことをもう一度思い出していただきましょう。もし採取した試料が多少なりとも乱されてしまえば、強度は落ちているはずです。このことは何を意味するかというと、**「乱されてしまった試料から求めた数値を使うと、過大な仮設計画をして無駄な金を使う」**ということです。では、何かチェックする方法はあるのでしょうか。

重大なヒントは**「一般に土の強度は同じ土層であれば深いほど大きい」**という単純な公式です。縦軸を深さ、横軸を粘着力としたグラフ（**図表－2**）を書いて、深くなっても同じような強度しかないとすると、その試料は乱されている可能性があります（しかし、これだけで判定するとなると、私の話も信頼度を失うおそれがあるので、多少面倒な話もしておかないとなりません）。

A.03 粘性土

「応力ひずみ曲線」というものを思い出していただきましょう(**図表－3**)。コンクリートや鉄でもおなじみであるので皆さんもよくご存知のことと思いますが、土でも一軸圧縮試験をすると同様のものが得られます。しかし、土の場合、そのグラフに描かれる線はカーブしており、はっきりしたところがありません。応力のピークもあるのですが、気がつくと相当変形していたりするので、この試験はひずみが15％までいったところでやめることにしています。

そこで「乱されていない試料」と「乱された試料」ですが、前者ではこの応力ひずみ曲線はそれなりにシャキッとして直線に近いところもあるのですが、後者では直線部分がなく、全体に丸みを帯びてきます。破壊時の最終ひずみは前者「乱されていない試料」では6％以内ですが、後者「乱された試料」では10％程度にもなるとされています。しかし、改良土や腐植土では、これくらいのひずみが生じることもあり…むにゃ、むにゃ。

そこでもうひとつ。先ほどの応力ひずみ曲線の傾きに着目してみます。土の場合、応力ひずみ曲線はどうしても曲線的になるため、最大応力度（＝ q_u）

図表－2　土の強度と深さの関係

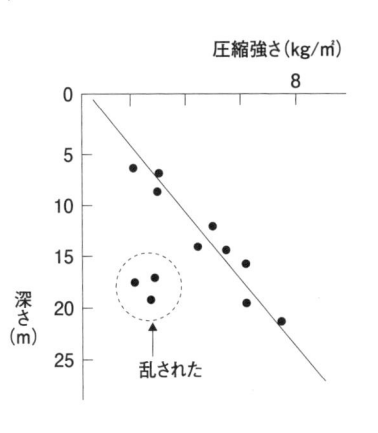

図表－3　応力ひずみ曲線

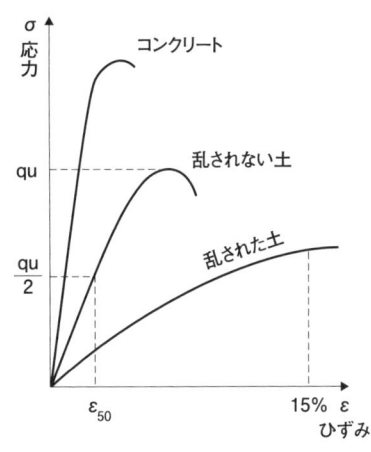

の1/2の点でひずみ ε_{50} を求め、その点と原点と結び傾きを求めます。

すなわち

$$E_{50} = \frac{qu/2}{\varepsilon_{50}}$$

とし、これを変形係数 E_{50} と呼んでいます。

ところが、なぜかこの変形係数と一軸圧縮強度の比は「乱されない土」では、その大きさによらず一定だというのです。したがってこの比を求めて仲間はずれがあれば、これが「乱された土」ということになります。

A.04 土と水
土の強度は水次第？

ところで、土質柱状図しか見ないといった人の意見として、あれは「乱さない土」の性質を調べたもので「設計」には役立つが「現場」では役立たないというものがあります。なぜなら「設計」のときには「掘削の外の世界」が対象なので、なるほど「乱さない土」の情報が役立つが、「現場」で扱う「掘削の内側の世界」は「乱した土」が問題なのだというのです。施工に携わる人は工事により土は乱すものなので、「乱した後どうなるかが知りたいのに、それが分からない」というわけなのでしょう。

そこで、今一度基本にかえって、土を見てみましょう。

土は含まれる水の量によって大きくその性状を変えます。土にどんどん水を加えていくとだんだん柔らかくなり、あるところで一気にドロドロになってしまいます。反対に、土が乾燥していくとだんだん「こね」にくくなってきて、

ある点まで来るとパサパサになって、粘土細工もできなくなります。すなわち、土は含まれる水分の程度によってドロドロとパサパサを行き来すると考えて良いでしょう。この**ドロになるときの水分の割合、すなわち含水比を液性限界と呼び、パサパサになるときの含水比を塑性限界**と呼んでいます。

図表－4　知っておくと便利な土の基本量

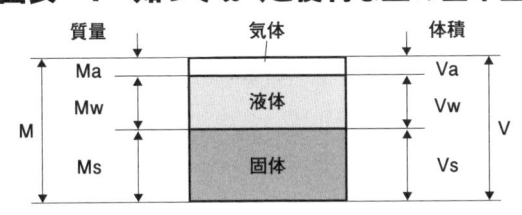

湿潤密度	$\rho t = M/V$
乾燥密度	$\rho d = Ms/V$
間隙比	$e = (V-Vs)/Vs$
含水比(%)	$\omega = Mw/Ms \times 100$

　以上のことを参考に、土質試験報告書に載っている自然界にある土の含水比を見てみましょう。まれにこれが液性限界を超えているときがあります。これなどは、「こね」てもらえばすぐにドロドロになってみせますよといっているようなものです。

そこでこの際、「こねた後」と「こねる前」の強度がどのくらい違うかを、数値におきます。

> S＝「こねる前」の一軸圧縮強度／「こねた後」の一軸圧縮強度

とし、この値が大きいほどひどい目に遭うということでSの値を「鋭敏比」と呼び、S＞4なるものを「鋭敏な土」と呼んで警戒することにしています。

さて、ここまできた以上、少々難しいかもしれませんが「土の強度式」を眺めておかねばなりません。

> 土の強度（せん断強さ）τ　は
> 　τ＝粘着力C＋$(\sigma - u) \tan\phi$
> 　　　σ：土に作用している応力＝方向はせん断面に垂直
> 　　　u：土粒子の隙間にある水が負担している圧力＝間隙水圧
> 　　　ϕ：内部摩擦角

この式を眺めていますと、土の強度τは「土に作用している応力σ」につれて大きくなっています。作用している力が大きくなると、強度も大きくなるなんて不思議といえば不思議です。

一方で、この式によると「土粒子の隙間にある水が負担している圧力u」が大きくなると、土の強度τは小さくなってしまいます。したがって、雨が降ってきたら盛土が砂質土の場合、急いで浸透してくる水を避けるためにシートをかけねばなりません。内部摩擦角がかけ算になっているので、内部摩擦角が大きいほど急がなければならないと読めます。

一方、粘性土ではシートは急ぐ必要はないものの、粘着力Cはこねると小さくなるので、そっとしておかないといけないということが分かるのです。

最後に土質調査資料を見るときの「一般的な注意」にも触れておきますが、これは言ってみれば当たり前のことでしょう。

▰ 土質調査資料を見るときの注意

1) ボーリング資料は工事地域全体から見れば「点」における資料である。わが国の地形は地質構造が変化に富んでいる。そこで報告書には離れたボーリング地点相互間の状況を結んでいるものもあるが、結ばれた間は必ずしも正しくない。

2) 柱状図に示された土の種類は調査を担当した者の主観によって若干変わることが多い。だから自分で採取されたサンプルを見なくてはいけない。

3) サンプルの取れた部分はデータがあるが、実はサンプルが取れなかったところほど問題点が含まれている確率が高い。ただし調査員の技量の問題もあるので判断には注意を要する。

　　　　　　　　　＊　　　　＊　　　　＊

　ここでおすすめの本を紹介しましょう。これは本というより冊子に近いものです。「学会」などという堅そうなところから出されているわりには、絵解き問答式で分かりやすくなっており、土質分野の基礎をやさしく解いてくれます。

◆「―ジオテクノート１― 一本のサンプリング資料から」（一本のサンプリング資料から編集委員会、（社）地盤工学会）

APPENDIX 2
建設現場の一日

「建設現場の作業時間は普通何時から何時迄ですか？」
と聞かれると本当に困る。当惑した顔をして、
「それが、いろいろありまして‥」と言うしかない。

　夜の8時からが普通のところもあるし、一の方、二の方などといって二交代のところもある。トンネルなどでは24時間稼働している所もある。また終車後（終電車がおわってから）や「き電停止後」（電車への送電が止まってから）などの工事では、夜中の12時頃に「おはよう様です」と言って人々が集まってくる。ただそれでは、説明にならないので、ここでは一般の方々と同様に「朝8：00から夕方17：00まで」の作業時間を想定する。その上で時間の節目毎のテーマとチェックポイントをまとめることにする。

8：00 ＝朝一番がその日の勝敗の分かれ目
・機械、人員はベストの位置にいるか。
・メンバーに不審な様子はないか。
・その日予想されるトラブルは何か。
・それに対する対策は用意したか。

9：00 ～ 11：00
＝ベストタイミング＆ベストポジション
・作業指示や内容が勝手に変更されてないか。
・遊んでいる機械・人員はいないか。
・互いのコミュニケーションは良いか。

- 指示・報告を速やかに行ったか。
- 必要な写真は撮ったか。

11：00＝巡回タイム
- 予定通り作業は進んでいるか。
- 何人が何をしているか。
- 問題点は何か。
- 対策はあるか、対策案は2つ以上考えたか。
- 危険なところはないか。
- 明日は何をどうするか、打合せをしたか。

13：00＝連絡調整会議
- クリティカルな作業が優先されているか。
- 機械・人員にムリ、ムダがないか。
- 同種の作業はまとめてあるか。

13：30＝手配タイム
- メモに従い手配し、正しく記録したか。
- 日時、場所を正しく伝えたか。
- 図面や表をFAX（もしくはmail）した方が良いのではないか。

14：00～15：00＝翌日の準備
- 翌日作業の測量は済んでいるか、墨はでているか。
- 翌日作業の資機材はあるか、在庫はいくらか。
- 翌日作業の計画は良いか。

16：30＝お片付けタイム
- 片づけ場所・方法は指示したか。
- サインする前に内容は良いか。作業内容・トラブルも記入したか。
- どこまでできたか。それは数字で計ったか。
- 今日の結果を記録したか。図化したか。

おわりに

『この本は、読んだほうが絶対「得」である。時間のない人は、ゴチックの単語を追うだけでもいい。気になれば詳しく読めばいい。著者は、人間を、業務を、そして人と人との関係を熟知した方である。章立てがうまく、実に分かりやすく書かれているだけでなく、著者がこれまで長年にわたって仕入れてきた情報、知識、経験が創り出した宝の山である。他人事ながら、ここまで自分のノウハウ、知識を公開してしまうのは惜しい気がしないでもない。』

『著者も言っているように、「これまで通りにものを作ればいいと思っている人には必要はない。新しい展望を見いだそうとする人には、確実にこの本は有効」である。この本への投資は確実に回収できる。』

　これは、私が初めて出した本への（ネットに投稿された）書評であり、これを読んで一人ほくそ笑んだ記憶があります。そうだろう、そうだろう……と。
　皆さんに読んでいただいたこの本は、およそ10年前に書いた最初の本の内容を引き継いでいます。その部分を今読むと、あまりの力の入りように自分ながらあきれてしまいます。しかし一方で、ある種の高揚感があったことも事実です。
　当時の序文や結文で私は次のようなことを書いています。
・私と私を取り巻く現場の最前線で起こった多くの失敗を通して蓄積されてきた考え方や方法を「現場のひみつ」と題して提供したい。
・これまであまり着目されていなかった部分での生産性が向上し、生産活動に携わる現場が、そして我々の組織と社会が、再び元気を取り戻すことを願ってこれを記したい。
・本書のエピソードは自分が実際に体験し、驚き、でも何とかしてやろうとしてきたことが基礎になっています。確かにそれを楽しんできたようなところがあります。それがまた「元気の出るひみつ」であったかもしれません。

その後、本書の「はじめに」に述べた趣旨で作った著作をあわせ、この本は私がこの10年間に書き綴ってきたノウハウの集大成となっています。

　それにしても、昨今の建設事業をとりまく環境の激変には驚くものがあります。いったい誰が予測できたでしょう？
　しかしそれだからこそ、今更ながら感じるのは私たちが先輩方のノウハウを引継ぎ、それを改善し、さらに次の世代に伝えていくことの大切さです。それは私たち建設事業に携わったものが社会にお返しできることであり、存在価値のひとつではないかと考えます。
　そしてそれは誰が育んでくれたかというと、時には角突き合わせあるいは共に達成感を味わった発注方やコンサルタント、あるいは建設会社の技術者たちや職人さんたちであり、加えて怒られもしましたが時には励まされ、いろいろなことに気づかせてくれた工事にかかわる事業者や近隣の方々です。

　建設事業に携わっている、あるいはこれから関わろうとする若い皆さんにひとつ言えることは、「この仕事はとても面白いですよ。参加できて良かったなぁ」という思いです。今でもつくづくそう思い返しています。

　さて、皆様のご健闘を祈念しています。いつかどこかで共に仕事をしましょう。

2009年5月　　新川　隆夫

新川 隆夫（しんかわ たかお）

1955年生まれ。吉本新喜劇を見ながら大阪で育つ。
1979年立命館大学理工学部土木工学科卒、鹿島建設㈱入社。当初の配属先は技術研究所で土木工学のアカデミックな世界に多少は触れるが、その後は都内の現場へ異動。担当した小規模部門は純粋な土木技術の世界からはほど遠く、近隣折衝や日々生じる問題の対応に奔走することとなる。様々なトラブルや失敗に直面しながらも現場経験を積むなかで徐々に自ら問題を提起し解決していくことが可能となり、工法・技術の工夫や活用などによって成果も上がりはじめる。これまで地下鉄工事、地下道路トンネル工事、地下河川工事、地下駐車場工事等、都市土木工事の多様な現場を経験する。
昨今のものづくりの現場が抱える、「マニュアル化で失敗対応能力が低下」「カイゼン手法の徹底で基本原理を喪失」「専門分化で戦略的コーディネートが崩壊」「合理化追及でそこだけに良くて全体に最悪の決定が横行」などの問題に危機感を覚えたのが執筆のきっかけとなる。技術や現場管理の課題を会話体などを交えながらやさしく考察していく文章には定評がある。最近は技術提案重視の流れのなかでこれまでの受け身体質などからどう脱却していくかも模索している。現在は東京土木支店工事管理部長。
技術士（建設部門）、労働安全コンサルタント、公害防止管理者、コンクリート主任技士。

元気の出る土木の現場シリーズ　下巻
元気が出る！土木現場の知恵

2009年6月17日　初版第1刷発行
2018年10月19日　初版第3刷発行

著　者　新川隆夫
発行者　澤井聖一
発行所　株式会社 エクスナレッジ
　　　　〒106-0032 東京都港区六本木7-2-26
　　　　Tel. 03-3403-1321
　　　　http://www.xknowledge.co.jp/

印刷・製本　図書印刷株式会社

イラスト　タッド星谷

装丁・制作　クニメディア株式会社

本書は、『使いたくなる現場実務の知恵』および『元気の出る現場のひみつ』（山海堂刊）を底本に、新たに再編集したものです。

乱丁・落丁本が万一ございましたら、小社販売部まで着払いにてご送付下さい。
送料小社負担にてお取替えいたします。

©Takao Shinkawa
ISBN 978-4-7678-0762-1